血宴

及血生物之日常

目錄

Chapter 3　水中的吸血盛宴

Chapter 4　植物和人都吸血

見微知著：
從日常生活中窺見影響健康的生物和牠們背後的科學

香港的夏天悶熱多雨，端午未至，六月初的氣溫已每日達三十多度。我常去的巴士站旁邊有一大片灌木叢，四野空曠，驟雨後總有一灘灘積水。天氣回暖時，只要在那處等車，就一定會惹得一身蚊蟲圍繞，有時更會伴隨幾隻在炎夏中飛舞的蟑螂，令人既驚懼且煩厭。

無日無之的蚊患和蟲患對大部分人來說，可能只是幾日煩人的痕癢腫痛，但對於因而不幸感染疾病的人來說，那一口小小的蚊叮，卻是生死攸關。每年，全球因為病媒傳播疾病而死的人達 70 多萬，當中有超過一半與蚊患相關，例如肆虐發展中國家的瘧疾；而香港人耳熟能詳的登革熱，亦致每年 4 萬多人死亡。連同其他諸如蜱、蝨等吸血昆蟲，這些身長只有幾毫米至幾厘米的小生物，竟然能使這麼多人生病、甚至死亡，我依然覺得十分不可思議。

更令人泄氣的是，並非每種病媒傳播的疾病均能被有效治療。而目前，人類處理這些蚊蟲相關疾病最有效的策略，依然是滅蟲和防止被叮咬。伴隨極端天氣席捲全球，受蚊蟲困擾的日子相信只會越來越多；了解如何與這些圍繞日常生活的生物共存就變得尤其貼身。

小肥波從日常生活中會遇上的各種吸血生物出發，逐一介紹牠們的行為和習性，亦從科學實證出發，述及學術界各種消滅或控制這些病媒的嘗試。書中亦詳述生物化學理論，方便有興趣了解各種實驗背後原理的讀者，查找各篇章的引用文獻延伸閱讀。這本書以輕鬆有趣的筆觸，讓不同年齡、背景的讀者都可以從科學面向了解這些與我們同吃同睡的生物。

無論你是想要了解生活中這些新朋舊鄰背後的科學，還是想向學生推介一本深入淺出的科普讀物，還是純粹是在炎夏中想找一個有科學實證的滅蚊方法，這本書都同樣適合你。只要你曾經被蚊叮過，或是亦曾同受各種吸血生物所擾，《血宴：吸血生物的日常》就非常值得一看。

陳盈
香港中文大學賽馬會公共衛生及基層醫療學院助理研究教授

都市傳說之必要

　　都市傳說很多，但最吸引的其中必有吸血鬼之列！ 這些故事緊張刺激，看完讀畢後必會講「車～假喋～」，這件事絕對是你知、我知、單眼佬都知。不過，又有沒有想過：為甚麼？

　　為甚麼假的都有人信？

　　為甚麼會偶爾出現「真實案例」？

　　為甚麼明知道是假的，這些大話依然要存在？

　　也許你有聽說過關於俗稱「不死族」的殭屍的歷史吧！從前的人因為看到屍體死後不會腐化，變得面無血色、遺體僵硬、血水等從鼻及口等位置流出，便覺得此人生前作惡多端、是女巫、是惡魔而「死後不化」，繼而對於所有「不死族」都異常小心，且會在遺體腳、心口釘上木樁，以防他們復生害人。

以上說的種種特色都是駭人的特徵，不過如果當透過科學研究、解剖研究屍體的特徵、變化，以及死後屍體存放的溫度而知道當時是擺放於一個冰天雪地的環境，或許你不會再覺得這是「不死族」了。這一切都市傳聞由科學研究一一破解，相類似的破解方式你會不停在小肥波的此著作中找到。

　　記住，千萬不要少看這些傳聞的出現，他們代表著人類在科學面前的渺小！同樣，是人類在科學出現之前可以理解這個世界的其中一種世界觀。邪惡蝙蝠吸血、河流變態藍色小魚鑽入尿道等傳聞都代表著人類對大自然的好奇及未知，以及嘗試探索、思考的心，記錄著我們探索世界的契機。

　　因此，我誠邀各位讀者好好享受《血宴：吸血生物之日常》裏面各精彩絕倫的傳聞，同時嘗試接受背後的科學解釋，享受著人類科學研究進步的成果吧！

李衍蒨

法醫人類學家、《屍謎：驗屍枱外的 20 個謎團》作者

Chapter 1

身軀纖巧的吸血蟲

血宴
吸血生物之日常

全球最大吸血鬼幫派——蚊

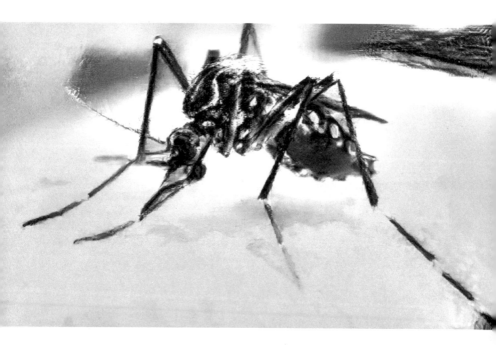

　　吸血鬼是種帶傳染性的生物。在 18 、 19 世紀，
歐洲人會在他們不了解的神秘疾病出現時，把被感染的
人都視為吸血鬼[1]。肺結核、狂犬病，就連因缺乏維他
命 B3 和蛋白質造成的糙皮病（Pellagra）都與吸血鬼

有關。事實上，德國改篇《德古拉》的經典恐怖片《不死殭屍—恐慄交響曲 (*Nosferatu, eine Symphonie des Grauens*) 》，當中 Nosferatu 來自希臘語，本身就有「瘟疫攜帶者」的意思。

多年來我們都害怕蚊這種吸血鬼，因為蚊是多種疾病的媒介，包括瘧疾、登革熱、黃熱病和在 2015 年突然於南美造成「小頭症」疫情的寨卡病毒。而根據世衛的推算[2]，全球有超過 100 萬人死於蚊傳播的這些疾病，令其比毒蛇、鱷魚與鯊魚等令人生畏的生物，更為致命。我們也不要忘記，有 110 萬億隻蚊遍佈於幾乎全球每一個角落，一個不留神你的確有機會死於這些吸血鬼的吻下。

為何只有雌蚊吸血？

不過，只有雌蚊需要準備繁殖時，才會吸人血，因為血液中含有大量的鐵，這是卵與胚胎發育的必需營養。然而，突然攝入大量鐵，會增加雌蚊體內的芬頓反應（Fenton reaction）製造有毒的自由基令牠們細胞中毒。因此，雌蚊已演化出會利用腸道中的鐵蛋白（ferritin）吸收、儲存和運輸所吸到的鐵到卵巢，並以之作為免疫調節劑，保護細胞免受氧化壓力（oxidative stress）破壞；而了解到雌蚊卵巢組織中的鐵分佈與輸送路徑，自然對降低蚊繁殖力、繼而減少上述多種傳染病的傳播有重要啟示，這也是近年部分研究團隊找尋控蚊方法的研究方向[3]。

講到底，為何蚊有這麼多哺乳類的血液可以吸，偏要吸人類的呢？畢竟蚊的歷史可追溯到至少 2.26 億前[4]，在恐龍橫行的時代，雌蚊也會吸啜這些地球霸主

的血液[5]。在 2014 年，有團隊就以埃及伊蚊進行測試[6]，了解人血有甚麼吸引力，令雌蚊冒死都要吸啜。該團隊指出，埃及伊蚊可分為野生森林亞種（*Aedes aegypti formosus*）以及「被馴化」版本（*A. aegypti aegypti*），前者居於森林，在樹洞和岩石之間的水窪中產卵，並不會咬人；「被馴化」的則是會咬人並傳播登革熱、黃熱病等病的一類，牠們會在人類社區中繁殖。這兩種「表親」通常會互相避開，僅在特殊情況下相遇雜交。團隊在比較這些「表親」觸角中所有基因的活性，發現「被馴化」那一批埃及伊蚊的氣味受體編碼基因（odorant receptor 4, Or4）明顯較為活躍。

團隊其後將 Or4 插入缺乏 Or4 受體的果蠅神經細胞中，以測試果蠅可以聞到哪些過去不能聞的氣味。結果顯示，果蠅突然對稱為甲基庚烯酮（sulcatone）的氣味分子大為敏感，許多生物都會釋出這種分子，人類也會釋出這種氣味，且是活雞或馬、牛和羊毛中發現的 4

倍。換句話說，在蚊的某一個演化階段中，為適應有人類的環境，蚊改變了自己的基因。團隊也發現，Or4 基因有 7 種不同版本，其中 3 種在咬人埃及伊蚊雌性中佔主導地位。因此，吸人血的雌蚊能比森林亞種表親產生更多的氣味感應蛋白，更容易找到獵物！

小心氣候變化與城市化

在 2020 年，另一團隊同樣以埃及伊蚊進行測試。這次團隊在撒哈拉以南非洲 7 個國家的 27 個地點收集蚊卵，這些地點由密集城市地區到偏遠森林也有，其氣候分佈亦相當廣泛，從炎熱和乾燥到潮濕和涼爽的地區，以了解多樣化原生棲息地是否會影響新生埃及伊蚊對人類的興趣[7]。

當對比實驗與收集蚊卵地點的生態數據，團隊發現，來自乾旱季節漫長地區的蚊最喜歡人類，而高人口密度

地區的埃及伊蚊亦更容易被人類吸引。團隊當時強調，並不是與人一起生活本身就讓埃及伊蚊專門叮咬人類，而是牠們適應了這些非常炎熱乾燥的地方，再與人類親密地一起生活。說法亦支持過去的一種理論：人類在旱季有儲存水資源的能力，令蚊演化成尋找人類繼續繁衍下去——因為蚊也需要有水的環境產卵，而有人的聚居地普遍都會有水池、水瓶等蓄水工具。

此團隊其後對同一地區的近 400 隻埃及伊蚊進行全基因組測序，除了再確認有 Or4 基因的蚊會較被人類味道吸引，亦顯示當相關的基因流入新蚊群時，這些蚊群的雌性也會開始咬人類。

團隊指出，隨著撒哈拉以南非洲地區的快速城市化，埃及伊蚊對人類宿主的偏好可能會不斷增加，氣候變化也是其中一個因素，因為氣候變化會加快荒漠化速度，並導致更多蚊咬人行為的條件出現。

蚊的生物化學

　　另一個重要問題是：為何蚊可以傳播大量不同的疾病？首先，蚊在吸血期間可攝取病原體，並將之直接傳播到其他人的血液中。此外，牠們機動性強，可以從出生地移動幾公里（沒被人打死的話），從而傳播吸入的病原體到新地區。過去的研究亦顯示[8]，一些蚊的腸道微生物可調節雌蚊的免疫反應，顯著改變牠們成為不同病原體的載體能力！

　　事實上最近的研究顯示[9]，受登革熱病毒感染的蚊，其唾液中有一種特定類型的 sfRNA ，這種病毒 RNA 會被裝載在細胞外囊泡（extracellular vesicles）中，並阻止觸發人體對感染的防禦機制。病毒可脅持這些分子，從而使蚊叮咬皮膚時在造成感染方面具有優勢。

該團隊在對永生化細胞系的測試中，證實這種 sfRNA 有效載荷確實會增加病毒感染水平，使人體不能充分準備反擊病毒入侵。

　　這些 sfRNA ，以前曾在昆蟲傳播的病毒中被發現，包括寨卡病毒和黃熱病病毒。整體而言，sfRNA 的作用似乎是阻礙病毒複製時，人體使用的一些防禦化學信號。

　　該研究又指出，通過在被登革熱感染的唾液叮咬部位引入這種 RNA，可以更有效感染人體，使病毒在與人類第一道防線中佔盡優勢。

　　登革熱是一個嚴重的公共衛生問題，每年約有 4 億人感染登革熱，他們亦有可能再次感染。症狀包括發燒、噁心和皮疹；在少數情況下，染病會導致內出血甚至死亡，而目前人類無辦法治療這種病毒，只有控制症狀的方法。

敵人的敵人是朋友！

要解決蚊患，不同團隊都從不同方面入手，例如美國就釋出基改蚊，令野生蚊群絕育，但成效備受質疑，亦有機會引起另一波生態危機。我當然不會在此花篇幅講普通的手段，但以下講的則相當有趣，是將「敵人的敵人」加以利用！

在 2015 年，有團隊指出[10]來自東非的一種跳蛛卡里西沃拉獵蛛（Evarcha culicivora）可能是幫助人類抗擊由雌性瘧蚊（Anopheles）傳播的瘧疾。皆因卡里西沃拉獵蛛雖然同樣喜歡人血與其氣味（吃得越多越重味，越吸引異性！），但牠們物理上無可刺穿人類皮膚的口器，所以卡里西沃拉獵蛛為了獲得營養豐富的人血，會以吸完人血的雌性瘧蚊為食。牠們透過「超高清」複眼，觀察雌性瘧蚊的休息姿勢，再找尋機會撲上去咬死雌蚊吸當中的人血。

該團隊又指出，另一種來自馬來西亞的跳蛛 *Paracyrba wanlessi* 也專門吃蚊，且同時喜歡在水池中捕食蚊的幼蟲。因此團隊提出應活用這兩種棲息地與獵食策略都不同的「生物武器」去控蚊。團隊特別提到，這兩種跳蛛本身也會獵吃其他昆蟲，所以相信將之加以利用，不會造成嚴重生態危機。然而，7 年過去跳蛛仍未成為全球蚊患的剋星，我們在等甚麼呢？

參考：

1. Hampl, J.S. and Hampl, W.S. (1997). Pellagra and the origin of a myth: evidence from European literature and folklore. *J R Soc Med.* 1997 Nov; 90(11): 636–639. doi: 10.1177/014107689709001114

2. World Health Organization. (2014). Dengue and severe dengue fact sheet. In WHO Media Centres (ed.). Fact sheet no. 117. WHO Media centre. Geneva, Switzerland.

3. Geiser, D.L., Thai, T.N., Love, M.B. & Winzerling, J.J. (2019). Iron and Ferritin Deposition in the Ovarian Tissues of the Yellow Fever Mosquito (Diptera: Culicidae). *J Insect Sci.* 2019 Sep; 19(5): 11. doi: 10.1093/jisesa/iez089

4. Pitts, R.J., Huff, R.M., Shih, S.J. & Bohbot, J.D. (2021). Identification and functional characterization of olfactory indolergic receptors in Musca domestica. *Insect Biochemistry and Molecular Biology* Vol 139, December 2021, 103653. doi: 10.1016/j.ibmb.2021.103653

5. Greenwalt, D.E., Goreva, Y.S., Siljeström, S.M. & et al. (2013). Hemoglobin-derived porphyrins preserved in a Middle Eocene blood-engorged mosquito. *PNAS* 110(46) 18496-18500. doi: 10.1073/pnas.1310885110

6. McBride, C., Baier, F., Omondi, A. & et al. (2014). Evolution of mosquito preference for humans linked to an odorant receptor. *Nature* 515, 222–227. doi: 10.1038/nature13964

7. Rose, N.H., Sylla, M., Badolo, A. & et al. (2020). Climate and Urbanization Drive Mosquito Preference for Humans. *Current Biology* Vol30, Issue 18, p3570-3579.E6. doi: 10.1016/j.cub.2020.06.092

8. McBride, C.S., Baier, F., Omondi, A.B. & et al. (2014). Evolution of mosquito preference for humans linked to an odorant receptor. *Nature* 13 Nov 2014; 515(7526): 222–227. doi: 10.1038/nature13964

9. Yeh, S.C., Strilets, T., Tan, W.L. & et al. (2023). The anti-immune dengue subgenomic flaviviral RNA is present in vesicles in mosquito saliva and is associated with increased infectivity. *PLOS Pathogens.* doi: 10.1371/journal.ppat.1011224

10. Jackson, R.R. & Cross, F.R. (2015). Mosquito-terminator spiders and the meaning of predatory specialization. *The J. of Arachnology*, 43(2):123-142. doi: 10.1636/V15-28

鬼上你張床！

　　有種吸血鬼，雖然多年來都不被視為 HIV 、乙丙
戊型肝炎等病的傳播媒介[1]，但總是與人類異常地親密，
不單爬上你張床，更喜歡在入夜後在你的頸甚至臉部，
當你的血液是毒品吸啜又吸啜。

牠們是甚麼？你猜對了，是床蝨！

床蝨（*Cimex lectularius*）為臭蟲屬（Cimex）昆蟲，吸血是這些寄生性昆蟲的唯一覓食方式。牠們早在公元前 400 年就被記錄於古希臘文獻，連亞里士多德也提及過[2]。公元後 1 世紀直至 18 世紀，當時床蝨都未成為厭惡性的害蟲，歐洲多地更聲稱床蝨有藥用價值，可治蛇咬、耳部感染等。不過，隨著 20 世紀初飛躍性的科技發展，尤其是暖氣的使用，床蝨數量也有飛躍性增加，年終無休地繁衍生息，並隨人類活動帶到幾乎全球每一個角落。床蝨甚至成為二戰時期美軍一些基地的嚴重問題[3]，令士兵睡覺時露出被舖的皮膚都被咬，痕癢無比或有影響戰力之嫌。

興幸的是，滴滴涕（DDT）等強力殺蟲劑的出現[4]，加上全球多地衛生意識提高、清理很多的貧民窟，令床蝨在 1940 年代幾乎於已開發國家與地區滅絕。

如果故事是這樣簡單就好，畢竟無論是化石或 DNA 證據均顯示臭蟲屬已有 1.15 億年歷史，怎會這樣容易被人類 KO？

床蝨捲土重來

　　後來 1990 年代因為 DDT 被禁用後，床蝨捲土重來肆虐北美尤其紐約等人口密集的城市，現時當地很多高級住宅與酒店也有床蝨的蹤影；全球化以及旅遊風氣盛行，加上床蝨能存活於全球溫帶地區，令牠們加快散播到全球各地，成為酒店業界其中一個棘手問題。2019年亦曾有調查顯示[5]，床蝨正在香港橫行，可能會成為棘手的公共衛生問題，別說這與香港人無關！這是因為床蝨可以在不進食的情況下存活長達 70 天，加上牠們大部分時間都在黑暗、隱蔽的地方例如床墊接縫或牆壁裂縫生活、1 隻雌性床蝨一生可孵產下 200 至 500 粒卵[6]，不進行反覆的滅蟲工作——房間加熱至 50℃ 超

過 90 分鐘、頻繁吸塵、高溫洗滌床鋪、衣物，以及使用各種殺蟲劑——基本難以杜絕床蝨。

究竟這種不能飛、不能游水的小型昆蟲如何侵襲全球床鋪與沙發呢？ 2017 年刊於《科學報告》的英國研究指出 [7]，答案在於人類的臭衣物。一直以來，我們都以為床蝨在吸血後意外跌入行李或衣物之中，隨人類的旅程散佈到其他地方。然而，該個研究團隊發現，床蝨會主動尋找人類穿過的衣物，並會被熟睡人類的氣味吸引，繼而吸血。結論亦支持過去的研究指出，床蝨能嗅出過百種由人類皮膚產生的化合物。

該團隊又在實驗中增加二氧化碳含量看會否影響床蝨尋找臭衣物，因為在過去科學界一直認為床蝨會視二氧化碳為訊號，知道附近有血可吸。然而實驗顯示，二氧化碳的確會引發床蝨覓食行為，但不會增加其尋找臭衣物的能力。

要避免將床蝨傳播，團隊就建議在旅行期間，將行李放在酒店房間內金屬行李架上，因為床蝨不能在平滑表面行走，可避免牠們匿藏於衣物裡。如果酒店房間沒有行李架，就應將穿著過的衣物密封放於行李內。不過，他指避免床蝨叮咬最好的方法，還是別將穿過的衣物放在床上了。

　　剛才說過，床蝨至少有 1.15 億年歷史， 2019 年的研究指出[8] 這年代，比起此前推斷、床蝨最初宿主蝙蝠的歷史長 1 倍。換言之，床蝨的最初宿主另有其物。不過較為肯定的是，臭蟲屬也不如扁蝨一樣吸食恐龍血液，因為臭蟲屬會黏附在固定處所例如巢、洞穴中的動物身上，但恐龍從未養成這樣的棲息習慣。

　　該研究亦對學界一貫對臭蟲屬飲食模式如何演化的觀點提出質疑。早期的假設認為，隨時間推移，臭蟲屬成員變得越來越挑剔，從以任何宿主的血為食轉變為

以特定宿主為食。這種模式已在其他物種中觀察到，因為有專門飲食的物種可以非常有效地從特定來源獲取營養。

然而，床蝨在過去逾 1 億年的演化中，曾三次演化至以人類血液為食。這表示床蝨曾多次轉換宿主，而且是機會主義者，總之有血就吃，管他是何種宿主，但到底是甚麼驅使床蝨不停改變宿主，是愛還是責任，人類還是沒有一個準確答案。

床蝨對人類的健康威脅

現代床蝨已專注咬人，傳播人畜共患病相當低。即使牠們會攜帶多種病原體，但對能否傳播 HIV 、乙丙戊型肝炎，以及多重抗藥金黃色葡萄球菌的調查都無表明床蝨可以傳播這些疾病，大家可以放心好了。

可是，2022 年的一份重要研究顯示[9]，床蝨會產生大量對人類健康構成威脅的組織胺（histamine）。組織胺是人體自然產生的一種化合物，可能會引起炎症並提醒免疫系統注意有威脅出現，同時也會造成痕癢感。過量的組織胺也會造成皮疹或呼吸道敏感，嚴重者更會出現頭痛、胃腸道、心律不齊和哮喘等健康影響。

而該研究表明，一隻床蝨可在短短一周內能產生超過 50 微克的組織胺。假設有 1,000 隻床蝨在床上出沒，一周就可產生多達 40 毫克組織胺（1 年數量就請各位有興趣的讀者自己計算，但如果 1 年你都不剷除床蝨也是個「神人」）。由於組織胺也是一種神經遞質，過多的組織胺可影響腦部神經傳導，會造成嗜睡等效果。更重要是，研究發現已經吸過血的床蝨產生的組織胺量「明顯更高」，但至今未知床蝨產生組織胺的機制。

床蝨與跳蚤之別

講了這麼久，一定有讀者疑惑，床蝨與跳蚤到底有甚麼分別呢？

床蝨與跳蚤均為不同目與科的昆蟲，所以形態習性也不同，前者是臭蟲屬，啡紅色的身體橢圓形且扁平，長約 4 至 5 毫米，由於牠們無翅膀也無長腿，只能以爬的方式在夜間活動。相反，跳蚤是蚤下目 (Siphonaptera) 的完全變態昆蟲，身長 1.5 至 3.3 毫米，身體堅硬兩側扁平腹部寬大，後腿發達、粗壯，善跳躍，因此可從哺乳類和鳥類之間跳躍，不分晝夜在不同宿主身上吸血。據過去的調查，跳蚤可以跳高約 20 厘米，橫向跳遠 33 厘米[10]，兩者都是非常恐怖的數字，是其自身的 100 倍以上！

更重要是，跳蚤不分晝夜吸血，在全身造成紅腫與痕癢，並可以在人類衣身身產卵，帶到不同地方。

幼蟲破卵殼而出後，會進食一切有機物，例如昆蟲屍體、排泄物和植物。幼蟲無視覺，所以會在陰暗地點，比如沙、縫隙、裂縫和床單內躲避。如果有充足的食物，幼蟲能夠在 1 至 2 周內化蛹，再過兩周之後破蛹成為成蟲。然而，牠們也可能繼續留在蛹內，直到有宿主在附近的信號，這些信號包括聲音、震動、體熱和二氧化碳[11]。

跳蚤成蟲主要目標就是尋找血源以進行繁殖，牠們在出蛹後只有大約 1 周時間尋找宿主，過後可以不進食 2 至 3 年。而雌性跳蚤視乎品種一生可以生產數百至數千粒卵，非凡的繁殖能力與出色跳躍能力，使人在室內消滅牠們成為棘手難題。

　　另外，與床蝨不同，跳蝨是很多傳染病的傳播媒介，包括傷寒、蛔蟲病，以及腺鼠疫。中世紀歐洲黑死病殺死 2 億人，多年來的主流推測都指是由老鼠身上的跳蝨引起 [12]，所以防治跳蝨很重要。

　　與防治床蝨相似，一般都會建議先用吸塵機徹底吸走跳蝨與其卵，再用稀釋的漂白水清潔家居，之後可以用蒸氣蒸燻地氈等杜絕牠們。如果源頭是你的寵物，就要定期為牠們梳理毛髮、諮詢獸醫使用跳蝨噴霧、粉劑或專用清潔液洗澡，並每周清洗寵物的玩具與床鋪。

　　只要保持衛生，無論是床蝨還是跳蝨都無有怕！

參考：

1. Adelman, Z., Miller, D.M. & Myles, K.M. (2013). Bed Bugs and Infectious Disease: A Case for the Arboviruses. *PLoS Pathog*. 2013 Aug; 9(8): e1003462. doi: 10.1371/journal.ppat.1003462

2. Smith, W. (1847). A Dictionary of Greek and Roman Antiquities. *Harper & brothers*.

3. Gerberg, E.J. (16 November 2008). Entomologists in World War II. *Proceedings of the DOD Symposium*.

4. Karsue-Parello, C.A. & Sciscione, P. (2009). Bedbugs: An Equal Opportunist and Cosmopolitan Creature. *The Journal of School Nursing* Vol 25, Issue 2. doi: 10.1177/1059840509331438

5. Ting, V. (24 September 2019). Bedbug infestations widespread in Hong Kong, study finds, with one expert warning of 'public health issue'. *SCMP*. Retrieved from https://bit.ly/3Gxr4Su

6. Parola, P. & Izri, A. (2020). Bedbugs. *New England Journal of Medicine*. 382 (23): 2230–2237. doi:10.1056/NEJMcp1905840

7. Hentley, W.T., Webster, B., Evison, S.E.F. & et al. (2017). Bed bug aggregation on dirty laundry: a mechanism for passive dispersal. *Sci Rep 7*, 11668. doi: 10.1038/s41598-017-11850-5

8. Roth, S., Balvín, O., Siva-Jothy, M.T. & et al. (2019). Bedbugs Evolved before Their Bat Hosts and Did Not Co-speciate with Ancient Humans. *Current Biology*. doi: 10.1016/j.cub.2019.04.048

9. Gaire, S., Principato, S., Schal, C. & DeVries, Z.C. (2022). Histamine Excretion by the Common Bed Bug (Hemiptera: Cimicidae). *Journal of Medical Entomology*, Volume 59, Issue 6, November 2022, Pages 1898–1904. doi: 10.1093/jme/tjac131

10. Guinness World Records. (n.d.). *Longest jump by a flea*. Retrieved from https://www.guinnessworldrecords.com/world-records/108644-longest-jump-by-a-flea

11. Shetlar, D.J. & Andon, J.E. (5 January 2012). Fleas. *The Ohio State University*. Retrieved from https://ohioline.osu.edu/factsheet/HYG-2081-11

12. Drancourt, M., Houhamdi, L. & Raoult, D. (2006). Yersinia pestis as a telluric, human ectoparasite-borne organism. *The Lancet Infectious Diseases* Vol6, Issue 4, April 2007, p234-241. doi: 10.1016/S1473-3099(06)70438-8

不跳不飛、依附你身一星期的吸血鬼——扁蝨

說起大自然的吸血鬼，不得不提已有近 1 億年歷史、曾經吸恐龍血的扁蝨（ticks）[1]。又稱為蜱蟲的牠們，基本上只以血液為生，沒有血液牠們根本無法生存。除此之外，扁蝨會如蚊一樣傳播大量不同傳染病例如惡名昭彰的萊姆病（Lyme disease）*，且會在吸血時容易令人出現紅腫久久不退與敏感！

1982 年發現引致萊姆病病原體萊姆螺旋體（*Borrelia burgdorferi*）的科學家 Willy Burgdorfer 甚至曾這樣說：「上帝為何要製造扁蝨？我沒有答案。」[2]

相比蚊，扁蝨明顯更為討厭。不過，我們首先要知道，扁蝨在生命週期哪個階段會吸血。

有八隻腳的扁蝨其實不是昆蟲，而是屬於蛛形綱蜱蟎亞綱蜱總科的成員，其近親為蟎、蜘蛛和蠍子等。扁蝨的生活很簡單：無宿主無血吸就會死。扁蝨生命的三

個階段（幼蟲、若蟲和成蟲）都需要血液營養來繼續發育、生長與繁殖。牠們吸血後體積最大更可膨脹 100 倍！

　　扁蝨不會通過視覺找到老鼠、鹿或人類等的宿主——牠們根本無眼睛——而是用前腿末端的嗅覺感應器官哈氏器（Haller's organ），檢測到溫血動物散發的熱量和哺乳類呼出的二氧化碳。在野生環境例如草原、森林、灌木叢等，當扁蝨與宿主相距 15 米時，牠們即可感知到後者的存在，並靜候機會。一旦接觸到宿主，扁蝨即會攀登而上。最大的問題是，與蚊、蝨等可以飛或跳起的「吸血鬼」相比，扁蝨根本沒有翼也不能跳，但在不受干擾的情況下，牠們卻可愉快地在宿主身上吸血長達一周的時間，期間會分泌口水，當中含一些水泥狀物質，黏在宿主身上，牠們會再釋出抗凝劑，以保持宿主的血液流動。扁蝨唾液中還含有麻醉成份，使其吸血時宿主幾乎感覺不到。在「飲飽食醉」後，牠們又會

從唾液中分泌融解酶[3]，將原來與皮膚黏合的部位融解，以便離開宿主。

那為何扁蝨會導致被咬的人長期紅腫與敏感？

原來，扁蝨前端只有顎和螯肢口下板組成的口器，被稱為假頭。牠們在吸血時，會用螯肢牢牢抓住宿主的皮膚表層，將假頭深深地刺入皮膚真皮層，看上去像是整個頭部都鑽進皮膚中，而扁蝨口器是有倒刺的，刺入皮膚後難以被拔除。當扁蝨感到受襲時，口器就越往皮膚內鑽，並吐出更多唾液，以牢牢地黏在宿主身體，待危機過後可繼續享用血液自助餐。

另一方面，扁蝨的唾液含有大量有毒蛋白質家族分子包括防禦素（defensins）、凝集素（lectins）、胱抑素（cystatins）、脂質運載蛋白（lipocalins）和透明質

酸酶（hyaluronidase）等等，這些毒素雞尾酒都會引發人體更易出現過敏情況[4]。

紅肉過敏症？！

事實上，自 2000 年代初起已有學者指出[5]，扁蝨尤其是孤星扁蝨（Amblyomma americanum）叮咬會導致人永久出現紅肉過敏症，患者會在進食紅肉後出現紅疹、呼吸困難、肚痛腹瀉的病徵。這種病除了在源頭北美洲造成困擾外，似乎也已不斷擴散，至今已蔓延到瑞典、德國和澳洲等多國。

最近的研究顯示[6]，這種病源於被扁蝨叮咬時接觸到的糖分子 alpha-gal。人體由於無法製造此種糖分子所以視之為入侵外來物，繼而產生免疫球蛋白 E（Immunoglobulin E, IgE）造成發炎。由於 alpha-gal 是存在於大多數哺乳類包括牛、羊和豬這些人類常食用

畜牧體內的糖分子，結果每次進食這些肉類，就會觸發人體發炎反應。

　　該研究指出，被扁蝨多次吸血（四次或以上）並在樹木繁茂的地區長時間戶外活動的人，面臨更高患紅肉過敏症的風險。團隊亦表示，很多人其實不知曾被咬，因此一旦出現紅肉過敏症狀最好就戒吃紅肉了。

　　當然，人類會覺得扁蝨是種寄生蟲令我們健康堪虞，但牠們之所以能夠傳播大量疾病，很明顯是因為牠們也是這些病原體的宿主。例如萊姆螺旋體等的螺旋體會寄生於扁蝨的中腸，直到血液流入。然後，在血液的營養和溫暖刺激下，螺旋體群就會遷徙到扁蝨的唾液腺。不過，這種遷移需要超過 24 小時，因此盡快將假頭插入你皮膚的扁蝨移除非常重要。

事實上，扁蝨早在恐龍時代已出現，並至少有 1,500 萬年能攜帶疏螺旋體屬（*Borrelia*）且傳播萊姆病的歷史[7]，而最早已知感染萊姆病的人來自有 5,300 年歷史的著名木乃伊冰人奧茲（Iceman Ötzi）[8]，但我們似乎一直沒有任何來自大自然的盟友，目前仍未清楚哪種生物能在野外吃掉扁蝨；牠們的死亡來自飢餓、脫水、交配產卵或衰老[9]，而非被捕獵。不過，扁蝨的幼蟲很易受到真菌的侵害，這能否成為防治扁蝨的手段還需要更多研究。

　　講到尾，如果有扁蝨依附在你身上怎樣做呢？美國疾病控制及預防中心（CDC）建議[10]，用乾淨鑷子盡可能靠近皮膚表面夾住扁蝨，盡可能輕力地將之拔起，但期間不要扭動扁蝨，以免其口器（以及當中毒素與病原體）留在皮膚中。當扁蝨被拔除後，先用酒精或肥皂和水徹底清潔被咬部位和雙手。此後才用膠紙黏住扁蝨，或用其他方法密封扁蝨將之棄掉，切勿將之壓扁，避免

血宴
吸血生物之日常

毒素與病原體飛噴出來。至於澳洲方面則建議[11]，使用含乙醚的噴霧劑冷凍扁蝨，但留意冷凍會損害身體敏感部位的皮膚，有點各處鄉村各處例的感覺，總之將扁蝨小心移除就好了。

---

* 萊姆病常見症狀包含發燒、頭痛和疲倦。如果沒有適當治療，可能會演變為臉部單側或雙側麻痺、關節炎、嚴重頭痛及頸部僵硬、心悸等等；患者在感染後一個月至數年間，關節痛和腫脹的症狀可能一再復發。一般而言，患者需要口服敏感抗生素治療，但已有持續病徵的患者，長期服用可能對改善病徵無任何幫助。

參考：

1. Peñalver, E., Arillo, A., Delclòs, X. & et al. (2017). Ticks parasitised feathered dinosaurs as revealed by Cretaceous amber assemblages. *Nat Commun* 8, 1924. doi: 10.1038/s41467-017-01550-z

2. Casey, C. (24 June 2008). A Tick's Life. *Slate*. Retrieved from https://slate.com/technology/2008/06/the-life-story-of-a-tick.html

3. The University of Rhode Island. (n.d.). How *NOT to Remove a Tick*. Retrieved from https://web.uri.edu/tickencounter/news/how-not-to-remove-a-tick/

4. Cabezas-Cruz, A. & Valdés, J.J. (2014). Are ticks venomous animals?. *Front Zool*. 2014; 11: 47. Published online 2014 Jul 1. doi: 10.1186/1742-9994-11-47

5. NIH. (28 November 2017). *NIAID scientists link cases of unexplained anaphylaxis to red meat allergy*. Retrieved from https://bit.ly/3MtlfsO

6. Kersh, G.J., Salzer, J., Jones, E.S. & et al. (2023). Tick bite as a risk factor for alpha-gal–specific immunoglobulin E antibodies and development of alpha-gal syndrome. *Annals of Allergy, Asthma & Immunology* Vol 130, Issue 4, p472-478, April 2023. doi: 10.1016/j.anai.2022.11.021

7. Poinar Jr., G. (2014). Spirochete-like cells in a Dominican amber *Ambylomma tick* (Arachnida: Ixodidae). *Historical Biology*, 27:5, 565-570, doi: 10.1080/08912963.2014.897699

8. Keller, A., Graefen, A., Ball, M. & et al. (2012). New insights into the Tyrolean Iceman's origin and phenotype as inferred by whole-genome sequencing. *Nat Commun* 3, 698 (2012). doi: 10.1038/ncomms1701

9. Anderson, J.F. (2002). The natural history of ticks. *Med Clin North Am*. 2002 Mar;86(2):205-18. doi: 10.1016/s0025-7125(03)00083-x

10. CDC. (13 May 2022). *Tick Removal*. Retrieved from https://www.cdc.gov/ticks/removing_a_tick.html

11. Australian Society of Clinical Immunology and Allergy. (May 2019). *Tick Allergy*. Retrieved from https://www.allergy.org.au/ticks

勢力不斷擴張的
吸血飛蛾！

　　中國華南地區廣泛流傳，人死後頭七日會回魂，靈
魂會化作飛蛾，所以有白事見到飛蛾都被視為先人回家
見親人最後一面而讓其停留。不過，你有想過原來飛蛾
也會吸血嗎？見到你又會點做？

吸血行為其實在整個動物王國並非罕見，隨便屈指一數，已想到蚊、蟬蟲、水蛭等，吸血飛蛾則鮮有聽聞，但大自然真的有飛蛾以有脊椎動物（包括人類）的血液為食。這些吸血飛蛾來自含有 17 個物種的瓣裳蛾屬（*Calyptra*），當中有至少 8 個物種[1] 已被發現會在野外吸啜哺乳類動物例如羚羊、鹿、豬與牛等的血液，另有兩個物種細紋瓣裳蛾（*Calyptra fletcheri*）和廣壺瓣裳蛾（*C. thalictri*）在實驗室或在網籠等半自然環境中吸食人類血液！不過，值得留意的是所有瓣裳蛾屬成員，正常都只會用鋒利的口器刺穿水果吸啜果汁，只有雄性在極偶然情況下才會吸血。

只有雄性吸血！

問題是，大自然環境中有大量果實、甚至花蜜、樹汁可供選擇，雄性為何要選擇吸血呢？現時未有確切的說法，但有學者認為這種行為源自趨泥行為（mudpuddling)。這行為主要常見於蝴蝶、飛蛾等的鱗翅目，牠們會尋找濕潤的物質，如腐爛的植物、泥土和腐肉以吸取當中含鹽和氨基酸等營養的液體，除了濕潤的泥土，血液、淚水與汗液也會對部分鱗翅目非常有吸引力，以攝取比起花蜜與樹汁等更多的營養，因為鹽在大自然中猶如珍寶一樣，所以要健康地生存下去就不能「揀擇」了。

至於為何吸血飛蛾只有雄性吸血呢？學界估計，雄性吸血並非為了延長生命——一般成年後瓣裳蛾只有 3 至 4 週生命——而是為了獲取鹽分，然後透過精子將鹽分傳遞給雌性。換言之，這種攝食行為其實是一種求偶策略，吸得越多血可能就越能吸引到雌性交配，並有機會將鹽分傳給後代使用。

相當有趣的是，根據地理位置、海拔高度和一些氣候可變數，也會影響吸血飛蛾選擇吸誰的血。現仍為清邁大學昆蟲學系教授 Hans Bänziger 在 1989 年觀察到海拔影響了泰國的橫斑瓣裳蛾（*C. fasciata*）吸血選擇，在海拔較高的 1,000 至 1,600 米，牠們似乎較喜歡吸人血，但在海拔較低的 600 米，牠們則喜歡吸大象和豬等哺乳類的血[2]。不過，無人知道甚麼驅使這種變化。

已知例如廣壺瓣裳蛾的雄性吸血飛蛾其實只屬品種內的極少數，而 2010 年發表的研究顯示[3]，相比起不吸血的同類，吸血的雄性廣壺瓣裳蛾嗅覺感受器（olfcatory sensilla）數量較少，牠們的嗅覺感受器亦對 15 種有脊椎動物相關揮發物包括氨的敏感性較低，這種變化或者對廣壺瓣裳蛾雄性形成一種生存優勢，令其更易得到交配機會，亦因此更易將這些特徵傳給後代，增加會吸血飛蛾的比例。

氣候變化致勢力擴張

幾乎所有瓣裳蛾屬成員都存在於舊世界，主要分佈於亞洲、東非與歐洲東與南部，只有加拿大瓣裳蛾（*C. canadensis*）棲息於北美的美國與加拿大一帶。由於已知的瓣裳蛾大多數均來自亞洲，因此學界推測瓣裳蛾的起源地就是來自這片大陸[3]。

不過，有種種跡象顯示舊世界的瓣裳蛾正不斷擴張自己的棲息地，例如芬蘭、瑞士與俄羅斯較北的地區，這極有可能與全球暖化日漸加劇有關，也可能造成嚴重的生態危機。因為在這些新的棲息地，瓣裳蛾或者無太多天敵，令其數量不受控地增長！

正如剛才說過，在新的地方瓣裳蛾也有機會改變飲食習慣，變得更為嗜血。例如廣壺瓣裳蛾在 2006 年首次被發現在俄羅斯遠東棲息，並由過往僅以吸啜香蕉、

芒果等水果的果汁，到只要研究員伸出手來，就一個不客氣地刺穿皮膚吸起血來，甚至吸上 30 至 50 分鐘不等。雖然如此，當時的研究團隊聲稱被廣壺瓣裳蛾吸一下血對健康無影響，畢竟所吸的血量是微不足道。至今也的確未聽聞過有人因為被瓣裳蛾吸血死亡，所以大家放心好了！

參考：

1. Fitzgerald, K. (30 October 2015). Vampire Moths Suck the Blood of Vertebrates, Including Humans. *Entomology today*. Retrieved from https://bit.ly/3ZQElx6

2. Bänziger, H. (1989). Skin-piercing blood-sucking moths V: Attacks on man by 5 Calyptra spp. (Lepidoptera: Noctuidae) in S. and S.E. Asia. *Mittellungen der Schweizerischen Entomologischen Gesellschaft*, 62: 215-233.

3. Hill, S.R., Zaspel, J., Weller, S. & et al. (2010). To be or not to be… a vampire: A matter of sensillum numbers in *Calyptra thalictri?*. *Arthropod Structure & Development* Vol 39, Issue 5, September 2010, pp 332-333. doi: 10.1016/j.asd.2010.05.005

4. Snyder, J.L. (2016). Investigations on the vampire moth genus Calyptra Ochsenheimer, incorporating taxonomy, life history, and bioinformatics (Lepidoptera: Erebidae: Calpinae). *Purdue University*. Retrieved from https://bit.ly/3mWxRy6

快！吞！轟！

「快」在吸血鬼身上也是相當重要，除了要逃避獵鬼人之外，也要來去自如找到獵物「快吞轟」珍貴的血液，而事實上大自然也有一種快得交關的吸血鬼，牠的學名是卡米拉迷猛蟻（*Mystrium camillae*）——但更廣為人知的是，這個物種屬於俗稱德古拉蟻（Dracula ant）的一類蟻。

　　撇開獵豹和游隼，2018 年的研究[1]發現德古拉蟻能以每秒 90 米（即每小時 324 公里）的速度咬合牠的巨型鋸齒，是有記錄以來最快的動物運動速度；而這些生活在熱帶雨林的小型昆蟲一直利用這種爆炸性運動，攻擊和殺死例如蜈蚣或白蟻等地底獵物，然後將獵物分屍再拖回巢穴中餵給牠們的幼蟻。

　　當時，團隊利用高速拍攝技術，捕捉到「轟」一下的鋸齒咬合動作，然後使用 X 光立體成像技術觀察德古拉蟻的解剖結構，更準確地了解咬合動作的原理。

觀察結果表明，德古拉蟻會像彈弓一樣，將兩邊的鋸齒擠壓在一起增強壓力，最終鬆開，就像人們彈指（finger snapping）一樣轟死（或暈）獵物。這與我們人類或其他動物或蟻類，張開口再咬食物的方式完全不同！

飲幼蟻的血

德古拉蟻所屬的鈍針蟻亞科（Amblyoponinae）成員分佈於舊世界的熱帶雨林中，由中非、東南亞至澳洲都有發現，大多數更是馬達加斯獨有種；而卡米拉迷猛蟻則是少數於馬達加斯加以外發現的迷猛蟻屬，在馬來西亞以至澳洲北部一帶也能找到。

德古拉蟻還有普遍被認為非常奇怪的飲食行為：較大族群中的蟻后只會以巢內幼蟻的血淋巴（即蟻的血液）為食。即使在外捕捉到獵物，幼蟻血淋巴也是牠們唯一

的食物。蜂后輕輕撫摸然後抱起幼蟻,小心地用其尖牙刺穿幼蟻的皮膚,吸吮流出的血淋巴。雖然這種做法確實會減慢幼蟻的發育,但已知不會殺死幼蟻,亦對其健康無長遠影響。

日本昆蟲學家增子惠一早在 1986 年曾詳細描述與觀察另一種同樣有吸食血淋巴習慣的西氏鈍針蟻(*Amblyopone silvestrii*) [2]。他指出,有幾個原因可能解釋到這些較原始的鈍針蟻亞科蟻類為何會有此類飲食習慣。

首先,與演化程度更高的群居螞蟻不同,德古拉蟻工蟻不會將獵物反芻來餵養蟻后。雖然捕獲的獵物可能會被帶回巢穴,但德古拉蟻工蟻「自己顧自己」,總之不會彼此分享食物。然而,牠們仍會反芻食物餵養幼蟻。所以嚴格來說,蟻后也從吸幼蟻的血,間接地被工蟻餵養。

即使獵物很容易獲得，蜂后也不會以牠們為食，可能是因為消化幼蟻的血淋巴更加「慳水慳力」，讓其可更專注於其唯一任務：產卵。

另一方面，之前曾提過，德古拉蟻會以另一些相對較大的昆蟲為食，例如蜈蚣。不過，我們可以想像到有多少蜈蚣會經常被捕捉到呢？因此，德古拉蟻經常需要挨餓。在這種情況下，幼蟻被視為糧食儲備，讓蟻后於「飢荒」期間吸食，又好像合情合理。

除了飲食奇怪，德古拉蟻在演化樹上的位置也相當奇怪。美國戴維斯加大（UC Davis）的團隊曾在 2013 年發表研究 [3]，發現蟻與蜜蜂的基因關係，比蜜蜂與黃蜂的更為密切，此發現幫助學者更了解整個膜翅目（Hymenoptera）的築巢、獵食和社交行為的演化進程。換言之，繼續研究德古拉蟻這些較原始蟻類的基因組可能找到黃蜂、蜜蟻與蟻類的共同祖先，從而知道昆蟲社

交行為的由來。尤其是，螞蟻只佔所有已描述昆蟲物種的百分之一，但牠們是地球上其中一種分佈最廣、數量最多的昆蟲，其成功生存與演化秘訣或可被借鑑保育某些瀕危物種。

　　人類對奇怪的德古拉蟻的知識至今仍有很有限，未來將需要更多有心人繼續研究其習性，但至少我們知道，德古拉蟻「虎毒不吃兒」——就算要吸血，也不會殺死幼蟲，相反更是為群族健康著想。所以，別被德古拉這個名字嚇怕了！

參考：

1. Larabee, F.J., Smith, A.A. & Suarez, A.V. (2018). Snap-jaw morphology is specialized for high-speed power amplification in the Dracula ant, Mystrium camillae. *R. Soc. open sci.* 5: 181447.181447. doi: 10.1098/rsos.181447

2. Masuko, K. (1986). Larval hemolymph feeding: a nondestructive parental cannibalism in the primitive ant Amblyopone silvestrii Wheeler (Hymenoptera: Formicidae). *Behav Ecol Sociobiol* 19, 249–255. doi: 10.1007/BF00300639

3. Johnson, B.R., Borowiec, M.L., Chiu, J.C. & et al. (2013). Phylogenomics Resolves Evolutionary Relationships among Ants, Bees, and Wasps. *Current Biology*. Doi: 10.1016/j.cub.2013.08.050

陸空兩路吸血大軍

Chapter 2

蝙蝠為何會吸血？

說起吸血鬼必然會想起蝙蝠，但現存近千種蝙蝠絕大部分都吃昆蟲、植物的果實，只有小部分吃肉、魚或花粉花蜜，而現存的吸血蝙蝠則僅餘下 3 種，全部均在墨西哥、巴西與智利等中南美洲國家出現，這些夜行哺乳類其實也不如流行文化般所描述的嗜血。

傳說中的吸血蝙蝠

至於為何蝙蝠與吸血鬼扯上關係，同樣地與這些特殊的美洲蝙蝠有關。根據雜誌《蝙蝠》[1]，前哥倫布時期的中南美洲原住民普遍都尊敬、甚至視蝙蝠為神明：阿根廷北部格蘭查科地區的多巴族更有傳說指部落第一批領袖是「蝙蝠俠」，教導他們作為人類需要知道的一切；巴西原住民部落 Gê 亦有傳說指出，部落曾在一隻蝙蝠帶領下穿越黑夜，指引他們走向光明在叢林中找到安居樂業之所。

然而，當歐洲探險者在 15 世紀末發現新大陸時，他們遇上了吸血蝠（*Desmodus Rotundus*），這些奇特的蝙蝠以探險者帶來的大量牲畜之血為食——就像當時在中歐與東歐民間傳說中流行的吸血鬼一樣。因此不少人都記錄了吸血蝠的見聞與經歷，當中自然大大誇張了吸血蝠的吸血量、其生活習慣，以及對人畜的影響。

自從這些記錄隨探險者帶回歐洲後，圍繞吸血鬼的民間傳說迅速吸納了吸血蝠這種夜間有翼生物，繼續演化發酵並流傳。當中關鍵是蝙蝠的神秘習性和夜間活動模式，與傳說中的吸血鬼特徵一脈相承，促成了兩者的緊密聯繫 [2]。1897 年「吸血鬼之父」愛爾蘭著名小說家 Bram Stoker 的經典小說《德古拉》出版後，蝙蝠和吸血鬼如影隨形的形象更為深入民心。

事實上，蝙蝠是種非常奇特的生物，身體有強大的新陳代謝率，即使感染多種對其他生物致命的病毒例如導致沙士和 COVID-19 的 SARS-CoV-1 與 SARS-CoV-2，牠們似乎都不受病毒感染如常活動。但到底為何吸血蝠、毛腿吸血蝠（*Diphylla ecaudata*）與白翼吸血蝠（*Diaemus youngi*）最終演化出吸血這種高度特化的飲食習性呢？

為何能吸血？

現有的化石記錄顯示，蝙蝠在大約 5,000 萬年前的始新世時期出現，這些化石在現今美國懷俄明州、法國巴黎、澳洲和印度等偏遠地區也有發現，由牙和顎骨碎片到完整骨骼化石也有出土過[3]。從這些化石，現代學者知道最古老的蝙蝠與現存後代之間存在一些差異。例如，根據保存較好耳朵結構的化石，學者知道首批蝙蝠可能無法以超聲波回音定位，牠們依靠視覺、嗅覺和觸覺來

尋找食物，而牠們最可能吃的是昆蟲和果實，同時當初的蝙蝠可能沒有很強的飛行能力，只有短暫滑翔能力。這些估計都需要更多化石證據去填補當中空白位置。

至於吸血的一系蝙蝠據推算[4]約在 2,600 萬年前從其他蝙蝠群族分途演化，其特化飲食習慣則與一些基因缺失有關。2022 年刊於《科學進展》的研究[5]，將吸血蝠與 25 個蝙蝠品種的基因組進行對比，其中 16 個品種是過去未做過全基因組測序，而部份蝙蝠來自葉口蝠科（Phyllostomidae），與吸血蝠在基因上非常密切。

該團隊發現吸血蝠共有 13 個基因缺失，其中包括 3 個已知、與甜和苦味味蕾有關的受體基因。其餘 10 個缺失的基因很多都提供了關於吸血蝠如何從血液中獲取最多營養的提示，例如其中 2 個與促進胰島素分泌有關：吸血蝠飲食中的糖含量低，牠們可能不需要太多胰島素控制身體血糖，令牠們更善用從飲食中攝取到的有

限葡萄糖。

　　吸血蝠也缺乏參與抑制胰蛋白酶（trypsin）的基因，胰蛋白酶是一種參與蛋白質消化和吸收的酵素，有更高水平的胰蛋白酶活動就可以幫助牠們消化含大量蛋白質的血液飲食。同時，基因 REP15 的缺失可能會促進鐵的排泄，防止蝙蝠吸血時金屬中毒——血液中含有極豐富的鐵，而吸血蝠從吸血獲得的鐵是人類飲食所得的 800 倍[6]！

　　另外，其他一些基因缺失則與蝙蝠的認知能力和視力有關，例如缺乏降解 24S-羥基膽固醇（24S-hydroxycholesterol）的基因，該膽固醇代謝物已知在大腦發育和功能中發揮各種作用，損失相關降解基因可能意味著吸血蝠大腦中的代謝物水平更高，而這種變化已在小鼠實驗中證明可改善的小鼠空間記憶，甚至是學習能力和社交行為。當然，這只是吸血蝠身上的

發現，毛腿吸血蝠與白翼吸血蝠的基因組正等待被分析，或者很快就有另一批基因是與蝙蝠變得「嗜血」有關。

吸血也要守望相助

為何蝙蝠要演化成「吸血鬼」呢？當中可能涉及資源的競爭，但現代科學界仍未有一致性的結論，普遍均相信是由原本的飲食習慣，例如用鋒利牙齒刺穿果實吸果汁、以哺乳類身上寄生蟲為食，甚至是吸啜花蜜，而逐步演化成吸血這種極端飲食方式。

雖然吸血蝙蝠似是「嗜血」的怪物，但牠們絕不會弄死獵物——每一次吸血蝙蝠都會以鋒利牙齒小心翼翼地在獵物身上割開一個小開口，逐點舔流出的血，牠們在完全漆黑的環境出動、擁有極高警覺性，以及演化出只有吸血蝙蝠才有的特殊奔跑（以前肢輔助）和跳躍能力，都讓這一系的蝙蝠來如風去無影。

另一方面，由於吸血蝙蝠只吸吃低營養的血液，牠們很容易捱餓。不過，吸血蝙蝠卻會經常與找不到其他獵物的「街坊」分享自己的發現。這種「社交禮儀」則建基於誰曾經伸出援手，顯示吸血蝙蝠可以認出夥伴並記住其過去的行為，從而形成一種持久的社交圈[7]！

　　過去曾有研究表明[8]，巴西亞馬遜地區很多人都報告過被吸血蝙蝠咬傷，但被咬傷的往往是金礦附近的村落居民和礦工，顯然是因為採礦增加了洞居吸血蝙蝠被侵擾的機會，同時人類與這些生物的接觸也會增加，因此怪得邊個呢？雖然，被吸血蝙蝠咬完不會被吸乾血而死，但吸血蝙蝠是瘋狗症的一個傳播媒介，所以這些地區的政府需要特定的瘋狗症傳播控制策略，也應在經濟發展與保育生態取得平衡，以免得不償失。

　　同場加映，蝙蝠身上本來也會出現一些小吸血魔，牠們除了會吸血，外型更似經典電影《異形》的異形幼體！原來，蝙蝠身上寄生著蝙蝠蠅，多年來人類對這些烏蠅近親並無太多的認知，而 2023 年刊於《寄生蟲載體（*Parasites Vectors*）》的港大研究指出，在香港 11 種蝙蝠身上採集到 20 個蝙蝠蠅品種，大多數更可能是未曾被發現的新品種，對這個寄生關係的互動與演化將有更多的了解。

　　蝙蝠蠅是雙翅類昆蟲，已知有約 510 個品種，屬於 Streblidae 及 Nycteribiidae 兩個不同科。由於長年寄生在蝙蝠身上吸血，牠們現已演化成只能寄生於蝙蝠皮毛的獨特寄生蟲，很多品種甚至失去雙眼視力和翅膀。每種蝙蝠蠅可能只寄生於特定的蝙蝠，但學界一直對蝙蝠蠅所知甚少，因此未能準確判斷到蝙蝠蠅品種及生態，特別是亞洲地區。

為了更深入了解蝙蝠與蝙蝠蠅的關係，港大生物科學學院助理教授冼雍華博士的團隊與香港漁護署在 11 種香港蝙蝠身上採集了超過 640 個蝙蝠蠅樣本，並發現了 20 個蝙蝠蠅品種，其中大多數更可能是未曾被發現的新品種。

　　團隊亦發現不同蝙蝠蠅品種有不同宿主特異性，有蝙蝠蠅品種只寄生在特定蝙蝠身上，但有些品種卻可以寄生在多種不同蝙蝠宿主。

　　是次研究加深了人類對蝙蝠蠅—蝙蝠寄生關係的了解，而蝙蝠蠅多樣性和宿主特異性都揭示了東亞地區複雜的蝙蝠蠅生態學。但由於可能存在大量未知物種，在中國等東亞地區仍需要進行更多的蝙蝠蠅研究。

參考：

1. Benson, E.P. (n.d.). Bats In South American Folklore And Ancient Art. *Bats Magazine* Vol.9, Issue 1. Retrieved from https://www.batcon.org/article/bats-in-south-american-folklore-and-ancient-art/

2. Texas Tech University College of Education. (n.d.). VAMPIRE BATS – The Good, the Bad, and the Amazing. Retrieved from https://www.depts.ttu.edu/nsrl/get-involved/downloads/vampire-bat-exhibit.pdf

3. Black, R. (April 21, 2020). Why Bats Are One of Evolution's Greatest Puzzles. *Smithsonian Magazine*. Retrieved from https://www.smithsonianmag.com/science-nature/bats-evolution-history-180974610/

4. Baker, R., Bininda-Emonds, O., Mantilla-Meluk, H., Porter, C., & Van Den Bussche, R. (2012). Molecular time scale of diversification of feeding strategy and morphology in New World Leaf-Nosed Bats (Phyllostomidae): A phylogenetic perspective. In G. Gunnell & N. Simmons (Eds.), *Evolutionary History of Bats: Fossils, Molecules and Morphology* (Cambridge Studies in Morphology and Molecules: New Paradigms in Evolutionary Bio, pp. 385-409). Cambridge: Cambridge University Press. doi:10.1017/CBO9781139045599.012

5. Blumer, M., Brown, T., Freitas, M.B. & et al. (2022). Gene losses in the common vampire bat illuminate molecular adaptations to blood feeding. *Science Advances*, Vol 8, Issue 122. doi: 10.1126/sciadv.abm6494

6. Spivack, E. (26 March 2022). Scientists might have finally figured out how vampire bats thrive on an all-blood diet. *Inverse*. Retrieved from https://www.inverse.com/science/vampire-bats-all-blood-diet

7. Ripperger, S.P. & Carter, G.G. (2021). Social foraging in vampire bats is predicted by long-term cooperative relationships. *PLOS Biology*. doi: 10.1371/journal.pbio.3001366

8. Schneider, M.C., Aron, J., Santos-Burgoa, C. & et al. (2001). Common vampire bat attacks on humans in a village of the Amazon region of Brazil. *Cad Saude Publica*. 2001 Nov-Dec;17(6):1531-6. doi: 10.1590/s0102-311x2001000600025

9. Poon, E.S.K., Chen, G., Tsang, H.Y. & et al. (2023). Species richness of bat flies and their associations with host bats in a subtropical East Asian region. *Parasites Vectors* 16, 37 (2023). doi: 10.1186/s13071-023-05663-x

達爾文的吸血地雀

　　對於大多數人而言，吸血必然讓你想到吸血鬼，又或是蚊，但很少有人會想到細小而可愛的雀。

事實上，又真的有「吸血雀」以體型更大的鳥類鮮血為主糧，而這種雀竟然就是鼎鼎大名、棲息於大平洋東部科隆群島的達爾文雀之一「吸血地雀（*Geospiza septentrionalis*）」。

科隆群島是距厄瓜多爾海岸約 1,000 公里的火山群島，屬生物多樣性熱點，部分原因是島嶼與外界隔絕，而以不同方式進入並棲息於島上的生物必須適應嚴酷的環境，否則有滅絕之虞。

達爾文雀就是這類生物之一，牠們以演化論之父達爾文（Charles Darwin）的名字命名，因為在 1835 年達爾文抵達當地考察時，認為這批共 13 種的小型雀鳥雖然無近緣關係，但也因應飲食、環境而演化出相似的鳥喙，從而啟發他推導出天擇演化理論。

吸血地雀則是科隆群島的沃爾夫島和達爾文島獨有達爾文雀品種；這兩個群島最北端的島嶼都很小，每個都不足 2.6 平方公里，並且與其他較大島嶼相距至少 160 公里。淡水極為稀少，某些食物在乾旱季節更會完全消失，可能就是吸血地雀擁有異於常雀的飲食習慣原因。

吸血地雀除了進食種子、昆蟲外，亦演化出更奇怪的飲食習慣：吸食其他鳥類——主要是橙嘴藍臉鰹鳥和藍腳鰹鳥——的血液，並有時偷吃這兩種鰹鳥的蛋，把蛋推到岩石，直到蛋被打破，而這種行為在 1964 年才首度被見到！

據現時估計，在過去 50 萬年中的某個時刻，吸血地雀到達沃爾夫島和達爾文島，並開始與已在島上築巢的大型海鳥橙嘴藍臉鰹鳥和藍腳鰹鳥共存。隨著時間流逝，吸血地雀似乎演出為大型海鳥吃掉在羽毛和皮膚上發現的寄生蟲；這實際上是「互利共生（mutualism）」關係，海鳥得益於無寄生蟲健康生活，吸血地雀也可以在乾旱季節期間，有更多食物選擇，大啖大啖地吸血醫肚。

　　不過，吸血地雀啄走寄生蟲的行為會令受惠的海鳥皮膚破裂流血，吸血地雀也不知從何時開始懂得飲用海鳥血液作為食糧。最終就是現代吸血地雀學會了直接啄穿海鳥羽毛底部的皮膚以取吃血液，不再需要處理寄生蟲。同時間，海鳥亦似乎不介意吸血地雀弄得牠們流血收場。當然，如蚊子一樣太多的話，海鳥還是會嘗試拍翼趕走吸血地雀。

有研究吸血地雀的劍橋大學演化生物學家五反田清子團隊，在 *The Conversation* 撰文時[1]曾指出，據他們推算，鳥血佔吸血地雀全部飲食量的十分之一。天擇也似乎令吸血地雀的鳥喙出現輕微變化，比其他不吸血的達爾文雀更尖更長，更容易刺穿海鳥皮膚吸血。團隊也發現，吸血地雀的腸道微生物群落顯著與其他達爾文雀不同[2]，相信由飲血習慣所致。不過，這些數據仍未刊於科學期刊之中。

2019 年有團隊發現[3]，在乾旱季勉強地吸啜營養低、鐵與鹽分高血液的吸血地雀，其實與吸血蝙蝠的腸道都有一種共享的腸道細菌消化鏈球菌科（Peptostreptococcaceae）。團隊相信，這些細菌都可能有助於這兩個非常不同的物種體內加工和消化吸收到的鈉和鐵。

參考：

1.　Gotanda, K., Baldassarre, D. & Chaves, J. (15 January 2021). Vampire finches: how little birds in the Galápagos evolved to drink blood. *The Conversation*. Retrieved from https://bit.ly/38V6UBi

2.　Michel, A.J., Ward, L.M., Goffredi, S.K. & et al. (2018). The gut of the finch: uniqueness of the gut microbiome of the Galápagos vampire finch. *Microbiome* 6, 167. Doi: 10.1186/s40168-018-0555-8

3.　Song, S.J., Sanders, J.G., Baldassarre, D.T. & et al. (2019). Is there convergence of gut microbes in blood-feeding vertebrates?. *Phil. Trans. R. Soc*. B37420180249 20180249. doi: 10.1098/rstb.2018.0249

這隻吸血鬼不挑吃 ─ 牛椋鳥

除了吸血地雀，世界另一端的非洲也有另一類雀鳥會吸血。牠們的名字是牛椋鳥（Oxpecker 屬名 *Buphagus*）。

　　這個屬的成員只有黃嘴（*Buphagus africanus*）與紅嘴牛椋鳥（*Buphagus erythrorhynchus*），前者活躍於非洲撒哈拉沙漠以南草原，而後者的棲息範圍較窄只待在東非草原。牠們表面上與很多大型陸上動物例如犀牛、長頸鹿、河馬、非洲水牛等有「共生」關係，因為牠們會啄吃這些動物皮毛上的扁蝨或其他寄生蟲。除此之外，2020 年刊於《當代生物學》的研究[1]也發現牛椋鳥會作為「哨兵」，當附近有潛在人類偷獵者的時候，牛椋鳥會大聲鳴叫提示黑犀牛，後者會立即作出反應面向威脅來源與之對峙。

該團隊更發現，身上有牛椋鳥的黑犀牛，探察到威脅的距離範圍，是其他同類的一倍，當中有至少四成黑犀牛全身而退不被偷獵者發現。事實上，在非洲史瓦希利語（Kiswahili）中牛椋鳥名字 Askari wa kifaru 就有「犀牛護衛」的意思。

問題是，牛椋鳥在啄吃宿主皮毛上的寄生蟲時，也會有意無意地啄穿宿主的皮膚並吸血。再者牠們每天要吃至少 300 隻扁蟲才夠飽，而牛椋鳥屬群居的鳥類，每一群有 5 至 6 隻成鳥，你可以想像得到，一個宿主哪有這麼多寄生蟲給這群寄生鳥類進食？

剛才提過的研究指出，很多黑犀牛身上在特定的位置有永久傷口，而這些傷口亦是寄生蟲寄生熱點。換言之，黑犀牛有可能故意在某些部位感染寄生蟲，令牛椋鳥留在身邊，減低被獵殺機會。即使在扁蝨或其他寄生蟲數量不足時，牛椋鳥仍可以黑犀牛的血液作補充營養

攝取。不過,牛椋鳥演化出吸血行為,是否只有這個原因暫無定論。

另一方面,有學者早已發現[2],不論是黃嘴還是紅嘴牛椋鳥都選擇扁蝨數量最多的宿主,但不會根據皮毛厚度來挑選宿主。即是說,牛椋鳥本身主要是尋找寄生蟲作食糧,吸血只是剛好可以作為補充的適應性措施。

牛椋鳥與不同宿主的互利共生關係亦不止於此,這些怪鳥還會使用宿主作為築巢材料。現時學者已在野外發現,紅嘴牛椋鳥會採摘綿羊身上的羊毛;在圈養環境中,紅嘴牛椋鳥也從犀牛耳朵上拔下毛髮築巢[3]。

然而,2000 年發表的研究卻指出[4],在津巴布韋的牛即使有紅嘴牛椋鳥棲身在上,也不能比其他會驅趕「吸血鬼」的同類,明顯減少其皮毛中的扁蝨。該研究也記錄到調查期間牛身上每個結痂和損傷位置的數據,

同樣顯示牛不僅有更高比例的傷口無法癒合，整體傷口數量也較高。研究並無實際見到紅嘴牛椋鳥啄出這些傷口，但寄生蟲往往會留在這些傷口中，因此牛椋鳥很可能知道可以利用寄生蟲造成的傷口找到食物，繼而吸血。

雖然，國際自然保護聯盟瀕危物種紅色名錄（IUCN Red List）指出，兩種牛掠鳥均為無危物種，但隨著棲息地面積因人類社會發展縮少、被破壞，加上偷獵問題仍然猖獗，都令非洲大型哺乳類數量減少，這兩種「吸血鬼」數量也應聲向下。另外，一些用於被圈養牛隻身上的殺蟲浸泡液含有砷（arsenic），該種化學元素是對鳥類有毒性。所以，這些「吸血鬼」的保育問題似乎也需要展開了。

參考：

1. Plotz, R.D. & Linklater, W.L. (2020). Oxpeckers Help Rhinos Evade Humans. *Current Biology*. doi: 10.1016/j.cub.2020.03.015

2. Nunn, C.L., Ezenwa, V.O., Arnold, C. & Koenig, W.D. (2010). Mutualism Or Parasitism? Using A Phylogenetic Approach To Characterize The Oxpecker-Ungulate Relationship. *Evolution*. doi: 10.1111/j.1558-5646.2010.01212.x

3. Eschner, K. (22 September 2017). Those Little Birds On The Backs Of Rhinos Actually Drink Blood. *Smithsonian Magazine*. Retrieved from https://bit.ly/3KdW7nt

4. Weeks, P. (2000). Red-billed oxpeckers: vampires or tickbirds? *Behavioral* Ecology, Vol 11, Issue 2, March 2000, pp 154-160. doi: 10.1093/beheco/11.2.154

吸血鬼松鼠原來不吸血

在婆羅洲的熱帶雨林中傳說有吸血鬼。當地的獵人常發現有鹿頸部被咬，然後內臟被挖出啃咬，他們將這些離奇死亡的鹿歸因於伏在低矮樹枝上，靜待鹿隻經過的松鼠所殺死——你沒有看錯，真的是松鼠——據稱，當地的家禽也會被這些松鼠殺死。英國自然歷史學家 Edward Banks 曾在 1949 年形容這些「吸血鬼松鼠」，對其他生物很有「警惕、難以觀察，且會猛烈地咬東西」[1]。

「吸血鬼松鼠」在分類學上被稱為溪松鼠（*Rheithrosciurus macrotis*），只在婆羅洲海拔 1,100 米以內的低地原生雨林山坡上生活，由於本身數目少，加上婆羅洲近年加快開發砍伐樹木，溪松鼠更為罕見，一直到 2014 年才被學者拍攝到真面目。

當年有團隊發現這種頭身長約 33 至 35 厘米的松鼠，其尾竟然可長 30 至 34 厘米，是迄今已知身與尾比例最大的哺乳類動物，其尾的容量（volume）更大過身體 30%。這種極為異常的身體比例，學界仍未有一致結論，但最主流的說法是又大又毛茸茸的尾巴，可容許溪松鼠在被其他大型肉食動物獵食時，更易在被抓到尾巴時逃脫。不過，這解釋不到為何其他種類的松鼠不能演化出這種特徵。

重點是作為「吸血鬼」，溪松鼠雖然有鋸齒狀的牙齒，似乎與其他哺乳類甚至其他松鼠都大為不同，但竟從未被人實際見過牠們吸血。美國密歇根大學生物人類學家 Andrew Marshall 多年來在婆羅洲 Gunung Palung 國家公園進行工作，曾見證 79 次溪松鼠進食的情況。其團隊指出 [2]，這些溪松鼠有極度特殊的飲食習慣，主要只會吃雨林中最堅硬的種子（連人類用鎚都難以爆開那種）、橄欖屬樹木的果實（即是橄欖喇！），

在特殊情況下會食昆蟲，卻從來無見過牠們吸血，或弄得全身毛髮血淋淋。

Marshall 向科普媒體 *IFL Science* 解釋[3]，婆羅洲有大大小小至少 12 種松鼠，導致有激烈資源競爭，並且需要專門特化自己的飲食，因此溪松鼠進食超硬種子令其與同類的競爭變得有限，增加其生存空間。也因為發現溪松鼠並無吸血，Marshall 的團隊提出不如將該物種戲稱為「刺客松鼠（Assassin squirrel）」，以更貼切地說明牠們的飲食習慣。

另一方面，溪松鼠就算不是「吸血鬼」，仍是一種奇特的生物。Marshall 指這種居於東南亞的松鼠竟然與南美松鼠基因關係最為密切，而且兩者早在 800 萬年前已分途演化，因此學界認為溪松鼠祖先來自美洲後來才輾轉遷至東南亞，但問題是到現在都未發現其美洲甚至其他亞洲祖先的化石，你能說這不神奇嗎？

Marshall 的團隊警告，由於印尼和其他熱帶地區的森林以驚人速度消失，會有更多物種滅絕的風險，罕見、屬易危物種的溪松鼠亦會受波及，學界無法收集更多有關其生態的最基本訊息。對於地球生態而言，人類或者才是最終極的吸血鬼。

參考：

1. Meijaard, E.M., Dennis, R.A. & Meijaard, E. (2014). Tall Tales of a Tropical Squirrel. *Taprobanica: The Journal of Asian Biodiversity* vol6, no1:pp27-31. doi: 10.4038/tapro.v6i1.7059

2. Marshall, A.J., Meijaard, E. & Leighton, M. (2020). Extreme ecological specialization in a rainforest mammal, the Bornean tufted ground squirrel, Rheithrosciurus macrotis. *bioRxiv* 2020.08.03.233999. doi: 10.1101/2020.08.03.233999

3. Evans, K. (22 September 2020). Borneo's Infamous "Vampire" Squirrels Revealed To Actually Eat… Seeds. *IFL Science*. Retrieved from https://bit.ly/43YQRNc

中國的瀕危吸血鬼 — 獐

　　老一輩廣東人的諺語「背脊向天人皆可食」，基本上都可套諸於全中國。君不見過去各省市都有大大小小的野味市場嗎？你說得出的動物，基本上也可找到，並可加工處理成為「美食」。現時已「貴為」中國二級保護動物的鹿科動物獐（*Hydropotes inermis*），也因為 150 年來的獵殺、棲息地消失而在中國大陸、台灣，甚至是朝鮮半島野外一度數量大幅減少，成為國際自然保護聯盟瀕危物種紅色名錄（IUCN Red List）的瀕危物種。

　　等一下，獐跟吸血鬼有何關係？那你就要知道，獐在西方，特別是英國有「吸血鬼鹿」的稱號，因為獐雖然是種夜行性鹿科動物，但牠們不像其他鹿科有鹿角，而是詭異地長著似吸血鬼的獠牙，更奇怪的是獐跟其他近親一樣都是草食性動物，是不會吸血的！到底獐的獠牙有甚麼用？

原來這種原本敏感、怕醜細膽的「吸血鬼鹿」，領土性極強，也會在每年繁殖季遇上競爭者時用上獠牙打鬥，此行為與其他鹿科也相當一致，只是將鹿角換成獠牙罷了。

獐被視為最原始的細小鹿科動物，相信是原產於長江下游江蘇、浙江、上海等地區的物種。牠們通常體重約 15 至 20 公斤，體長約 1 米，喜愛在河溪、沼澤與濕地間活動，而且善於游泳數公里往返於島嶼之間尋找食物和藏身處，因此又稱為水鹿（water deer）。

獐與俗稱香獐這種同樣有獠牙的麝屬動物非常相似，《本草綱目》就這樣分辨兩者：「獐無香，有香者麝也，俗稱土麝，呼為香獐。」不幸的是，獐跟不同麝屬動物都因為可以成為名貴中藥材而遭獵殺：醫書記載一種獐寶或稱獐奶的成份，是可以醫治消化不良，而這種成份竟然是幼年的獐仍處於喝奶階段時，奶在胃裡形

成的乳白色沉澱物。謀利者會在繁殖期，偷殺年幼的獐，從獐胃取出得到這些沉澱物[1]，而幼獐屍體也會被物盡其用，剝皮造成皮草、地氈，肉則會在市場上出售作野味。據稱，獐肉肉質極鮮味，在台海兩岸過去一直都被熱烈追捧。現時在台灣本土，獐更已完全滅絕多年，真是可悲。

雖然如此，大約 1 個世紀前，獐竟然被輸出至歐洲，現在英國的獐數量更約佔全球整個物種總數的40%[2]！

在歐洲落地生根

英國的獐是由第 11 世百福公爵（Duke of Bedford）Herbrand Arthur Russell 引入其莊園，但最終有部分獐成功逃脫，並在百福德郡（Bedfordshire）一帶草原和劍橋周圍的沼澤地成功落地生根。與亞洲地

區很不同，獐不單被視為入侵物種，更是英國可付錢就能獵殺的動物。據 2019 年《南華早報》的報道[3]，有狩獵旅遊團每天收取每人 300 英鎊（折合約 2,900 港元）的價錢帶隊獵殺獐；如果想取得獐的頭作為戰利品則收取 1,650 英鎊，是非常有利可圖的生意，尤其有獐牙的獐比其他鹿更為特別，吸引到大量歐洲狩獵愛好者到英國獵獐，做法飽受當地動物權益組織猛烈批評，但似乎無減大家對狩獵獐的興趣。

在 2021 年，倫敦帝國理工學院與英國鹿科學會的團隊曾對比與分析英國和中國現存的獐的基因[4]。他們的結果表明，來自中國的獐基因樣本比來自英國的基因樣本更加多樣化。這是意料中事，因為英國獐的初始群族較小，基因池自然較小。同時他們發現，英國的獐是一種已無再於中國大陸記錄到的亞型，當時團隊認為英國的獐有可能被用來填補亞洲獐群族的減少，並增加該物種於亞洲的基因多樣性。

在生態學和演化論中，基因多樣性是一個物種在任何特定環境中繁衍能力的重要組成部分，而保持這種多樣性是任何保育工作的關鍵。簡單而言，就是發現有助保育「吸血鬼鹿」在亞洲的族群。

近年，中國媒體也有零星報道指出，大陸政府的保育措施取得成功，在吉林省的東北虎豹國家公園[5]發現野生獐，而上海亦有大規模的獐繁殖場，以先飼養、訓練，再野放的方式，增加野生獐的數量[6]。我們即管放長雙眼，看看這種「吸血鬼」，會否在亞洲重振聲威。

參考：

1. 張心怡 . (27 March 2019). 兩江蘇漢捕殺哺乳期幼獐剝皮取胃：取「獐寶」治消化不良 . 香港 01. Retrieved from https://bit.ly/3TCQ9Ra

2. Balamurugan, J. (4 December 2020). Chinese water deer introduced to UK may be valuable to restoring numbers in Asia. *Imperial College London*. Retrieved from https://www.imperial.ac.uk/news/210193/chinese-water-deer-introduced-uk-valuable/

3. Clarke, H. (18 September 2019). The 'vulnerable' Chinese deer hunted for fun in the UK. *SCMP*. Retrieved from https://bit.ly/3JYa61z

4. Putman, R., Dunn, N., Zhang, E. & et al. (2021). Conservation genetics of native and European-introduced Chinese water deer (Hydropotes inermis). *Zoological Journal of the Linnean Society*, Volume 191, Issue 4, April 2021, Pages 1181–1191. doi: 10.1093/zoolinnean/zlaa076

5. 新華網 . (7 December 2019). 东北虎豹国家公园首次記錄到珍稀物种 —— 獐 . Retrieved from http://www.xinhuanet.com/politics/2019-12/07/c_1125319877.htm

6. 文滙報 . (7 August 2020). 野外絕迹近百年后，獐這一上海 " 原住民 "，又開始在松江繁盛起來 . Retrieved from https://www.sohu.com/a/412011245_120244154

吸血樹蛙有幾奇特？

2008 年，澳洲博物館兩棲類生物學家 Jodi Rowley 出發深入越南南部高原、充滿雲霧的森林進行考察。當地濕度極高，誇張程度是濕到根本無法阻止真菌在團隊的衣服上生長！在這種濕凍的惡劣環境底下，Rowley 團隊仍要在晚上，頂著頭燈尋找未見過、罕見的夜間生物。

　　很快，她們就有所發現。一隻大約只有 4.5 厘米長、磚紅色的小樹蛙就在 Rowley 的眼前，而經初步檢驗，可能是人類未知的物種。因此，團隊捕捉這隻樹蛙和更多樣本，連同其蝌蚪送返位於悉尼的澳洲博物館進行更詳細檢驗。

　　團隊最初認為，這隻樹蛙科成員並不那樣特別，至少不像 Rowley 同樣在越南南部發現、以她母親名字命名的海倫樹蛙（*Rhacophorus helenae*）一樣，有相對大的體型。不過，當 Rowley 在顯微鏡下檢查蝌蚪，她就

血宴
吸血生物之日常

意識到團隊找到了地球上最獨特的蝌蚪——牠的下顎竟然有黑色的尖牙！最終團隊因為這個特徵，將新品種命名為吸血樹蛙（*Rhacophorus vampyrus/ Vampyrius vampyrus*）[1]。

現時無人知道為何吸血樹蛙的蝌蚪如此獨特，卻會長大成不起眼、沒趣的成蛙。不過，話說回來為何牠們要長出牙呢？

這與牠們的生長環境有關。充滿雲霧的高原森林本身就有令人難以置信的生物多樣性，換句話說也有很多生物視蝌蚪為食物。不過同一時間，競爭之大也會令某些生物所得到的資源相當緊絀。

通常樹蛙在水窪中產卵，然後讓卵自行孵化成蝌蚪，但吸血樹蛙會在 0.3 至 1.2 米高的位置尋找有水的樹洞，將其受精卵產在洞內的正上方。然後再用後腿攪動卵

團，以產生類似珍珠奶茶奶蓋般的泡沫，而這種難聞的泡沫可以抵抗蛇等的獵食者吃掉一胎約 250 粒的卵 [2]。

看到這裡，你都會覺得這種方式沒甚麼大不了。但請先記住以下這段資料，你才會知道吸血樹蛙有何特別之處。

對於生物而言，產卵是非常消耗能量的，更不用說卵子在體內佔據了很大的空間，所以大多數物種的雌性實際上比雄性大，後者精子產生所需的能量很少，儲存空間也很小。很多生物也會在產卵後離開當地，讓自己的後代「自生自滅」。

除了上述那 250 粒受精卵，原來雌性吸血樹蛙之後會再一次回到樹洞，再產下一堆無受精的卵，以供孵化出來的蝌蚪進食 [3]。蝌蚪的嘴會張得很大，以吞下較大的、仍黏附著泡沫的卵。蝌蚪亦有一個腸袋，可膨脹

得容納大量的卵，而尖牙的作用至今仍然未明，但相信可讓蝌蚪刺穿卵，攝取當中的營養發育長大成蛙。

當長大後，吸血樹蛙就只能靠自己離開樹洞覓食，躲避森林中的眾多捕食者。牠們身上不似中南美洲的箭毒蛙一樣有毒，但吸血樹蛙受到威脅時，可以從一棵樹跳起，利用帶蹼的手腳，滑翔至另一棵樹。如果幸運捱得過這些威脅，吸血樹蛙就可以在每年的雨季交配繁殖。

現時，據估計吸血樹蛙有兩大群族分佈於越南南部的國家公園與保護區中。然而，早在 2014 年國際自然保護聯盟（IUCN）已將吸血樹蛙納入瀕危物種紅色名錄（IUCN Red List），並將之列為瀕危物種[4]。

吸血樹蛙所受的威脅包括棲息地喪失的影響，尤其是咖啡豆種植業；人類活動造成的氣候變化也可能對牠們造成沉重打擊，學界近年的報告已顯示高地的降雨量

變化比低地更大，天氣變得更具季節性，乾旱時越乾旱，潮濕時更潮濕，樹蛙非常容易受到這種溫度變化的影響，因為其皮膚必須保持濕潤。隨著氣候變化加劇，其生活環境將會變得更具挑戰性。

另外，蛙壺菌 (*Batrachochytrium dendrobatidis*, Bd) 在全球蔓延也可能影響吸血樹蛙不斷下跌的數量。該種感染兩棲類皮膚的真菌自 1970 年代發現以來，已引致全球 90 種兩棲類物種滅絕，以及至少 491 物種數量下降，對自然生態造成嚴重影響 [5]。

蛙壺菌源自亞洲，會破壞兩棲類皮膚並引起心臟衰竭，且有高度傳染性與致命率。該真菌透過野生生物貿易已在過去一世紀傳播到全球各地。學界認為，這種傳染病無可能被消滅，因為部份兩棲類物種可忍受感染繼續生存，成為天然帶菌者繼續將真菌傳播。

　　學界仍然非常缺乏關於吸血樹蛙整個物種的數據，阻礙了該物種的保育工作，這也直接影響到根本無法製定吸血樹蛙的棲息地轉移或圈養計劃，所以首要工作是尋找更多吸血樹蛙的任何資訊，才能將這物種傳承下去。

参考：

1. Rowley, J.J.L., Tran, D.T.A., Le, D.T.T. & et al. (2010). A new tree frog of the genus Rhacophorus (Anura: Rhacophoridae) from southern Vietnam. *Zootaxa* Vol. 2727 No:1: 21 Dec 2010. Doi: 10.11646/zootaxa.2727.1.4

2. Rowley, J.J.L., Tran, D.T.A., Le, D.T.T. & et al. (2012) The strangest tadpole: the oophagous, tree-hole dwelling tadpole of Rhacophorus vampyrus (Anura: Rhacophoridae) from Vietnam. *Journal of Natural History*, Volume 46, Issue 47-48. doi: 10.1080/00222933.2012.732622

3. Vassilieva, A., Galoyan, E. & Poyarkov, N. (2013) Rhacophorus vampyrus (Anura: Rhacophoridae) Reproductive Biology: A New Type of Oophagous Tadpole in Asian Treefrogs. *Journal of Herpetology* 47(4):607-614. doi: 10.1670/12-180

4. IUCN Red List of Threatened Species. (20 January 2014). "*Rhacophorus vampyrus*: IUCN SSC Amphibian Specialist Group". Retrieved from https://www.iucnredlist.org/species/47143971/177130806

5. Scheele, B.C., Pasmans, F., Skerratt, L.F. & et al. (2019). Amphibian fungal panzootic causes catastrophic and ongoing loss of biodiversity. *Science* 29 Mar 2019:Vol. 363, Issue 6434, pp. 1459-1463. DOI: 10.1126/science.aav0379

Chapter 3

水中的吸血盛宴

大受歡迎的吸血鬼

　　身型細小的牠們，除了身體擁有不同鮮艷的顏色例如紫色、橙色等，眼睛的顏色也是令人直望時不禁毛骨悚然的黃色，因此被統稱為「吸血鬼蟹」。

104

雖然有個如此嚇人的外表，但原來吸血鬼蟹是不少水族迷的寵物，網上更有不少教學教人飼養牠們。更重要是，很多資訊都說吸血鬼蟹易養，也很適合與其他生物共處同一水缸生活，很多新手因此「入坑」。

　　然而，絕大部分被人飼養的吸血鬼蟹來源一直無人知道。直至 2015 年，新加坡國立大學生物科學學部教授黃麒麟（Ng Kee Lin, Peter）領導的團隊才成功透過水族貿易網絡，追尋到兩種全球最受歡迎吸血鬼蟹紫色吸血鬼蟹（*Geosesarma dennerle*）與橙色吸血鬼蟹（*Geosesarma hagen*）的身世[1]。

　　團隊當年指出，這兩種淡水蟹在寵物貿易中存在了至少 10 年，但無人知其出處，而由於其顏色極為鮮艷，吸引了世界各地水族迷的眼球，令到不少商人不斷在偏遠地區尋找吸血鬼蟹，以滿足客人需要，這些地區偏遠到根本無學者進行過任何實地考察，也因此這些吸血鬼蟹在學界中是「無名氏」。

有參與該次研究的德國專業水族館員 Christian Lukhaup 亦曾向《國家地理雜誌》解釋 [2]，當時發現的兩種吸血鬼蟹身長都不足 1.5 厘米。再加上其溫淳的性格，吸血鬼蟹是在小水缸飼養的理想生物。（值得一提的是， Lukhaup 恰好出生在德古拉故鄉羅馬尼亞的外西凡尼亞 Transylvania）

由於商人們都希望杜絕其他人發現紫色吸血鬼蟹與橙色吸血鬼蟹的實際野外生存位置，所以他們通常都詭稱吸血鬼蟹來自不同地方，從蘇拉威西島、廖內群島，到喀拉喀托火山島也是常見的虛構來源地。不過，全部這些地方都指向印尼境內的島嶼。團隊需要「碌人情卡」尋找貿易鏈中各個可能知道秘密的人士，最終才在印尼爪哇島的兩個相距 10 公里的河谷中，發現到野生紫色吸血鬼蟹與橙色吸血鬼蟹的蹤影。

團隊指出，由於海洋不是這些吸血鬼蟹的生命週期一部分，因此印尼的多個島嶼都可能有自己的獨特吸血鬼蟹物種，甚至同一島嶼的不同河谷或近水的陸地已有新發現，但這同樣令這些吸血鬼生物群族更易受大量捕捉遭受滅門之禍。團隊明言，必須要制定保護管理計劃將這些物種保育。慶幸的是，現時已有人商業繁殖該兩種吸血鬼蟹，減少了野外捕捉這些小型淡水蟹的需求。

　　橙色吸血鬼蟹身形較圓，全身呈橙或黃色，帶有灰色斑點，主要隱藏在靠近潮濕地面下方或岩石之間生活，並以當中的昆蟲為食。至於紫色吸血鬼蟹背部則有奶白色斑點，生活在岩石之間，或茂密的植被中，主要吃草蜢等小昆蟲，但也吃植物。

與「吸血鬼蟹之父」對談

兩個物種的形態均與 1980 年代開始記錄的其他吸血鬼蟹屬（Geosesarma）成員相似，而當中很多吸血鬼蟹品種均由黃麒麟命名，所以稱他為「吸血鬼蟹之父」絕不為過。事實上，黃教授在電郵中向我介紹吸血鬼蟹時指出，雖然吸血鬼蟹有鮮艷顏色，但體型細小的牠們是夜行性，喜留在石隙之間神出鬼沒，並且對棲息地要求相當挑剔，因此難以捕捉。但他 40 多年來的研究仍發現東南亞地區有約 60 種吸血鬼蟹！

黃教授又在回覆中提到，熟悉吸血鬼蟹的當地人有優勢，可協助他與團隊找到新品種；而憑他過往經驗，吸血鬼蟹喜歡雨季和下雨，所以在暴風雨中更有可能見到牠們。

說到顏色方面，黃教授指暫時學界都不清楚吸血鬼蟹為何這樣鮮艷，但提醒牠們的視覺系統與屬哺乳類的我們很不同，或者只能看到圖案和顏色，因此需要鮮艷顏色去判斷是否同類。另一方面，由於大多數吸血鬼蟹是夜間活動，反光或黃色眼睛有機會幫助牠們在黑暗中看得更清楚。

　　現時已有美國、德國、中國和日本的不同研究團隊正在研究各吸血鬼蟹的基因，但至今仍未有重大成果公佈。據黃教授的說法，從初步的基因分析顯示，吸血蟹實際上有幾個血系，也就是說，牠們的祖先曾多次從海洋演化成以淡水水體和陸地棲息地維生。同時這些祖先的幼體必須在海中發育，但現存的吸血鬼蟹卻直接跳過幼體階段在孵化後已是蟹的形態；有些物種甚至會短時間孵化小蟹，由父母揹起小蟹並照料牠們。當中的演化進程也需要在未來弄清楚。

　　至於保育吸血鬼蟹方面，黃教授形容是具挑戰性的，因為他與他的團隊相信很多人仍不擇手段地捕獲野生吸血鬼蟹圖利，並很容易因濫捕而令某些脆弱的品種在未被學界命名就經已消失。他說：「有更多吸血鬼蟹有待被發現，但我們不知道牠們數量多寡以及其實際情況，保育談何容易？一方面我們不確定要做些甚麼才能保育吸血鬼蟹的生態，另一方面我們卻要與時間競賽，這是個瘋狂的局面。」

　　的確，這不是一場零和遊戲。經濟增長與保護之間的平衡是一個非常棘手的問題，當人類連「吸血鬼」也會弄死的時候，還怕甚麼被咬吸血呢？

參考：

1. Ng, P.K.L., Schubart, C.D. & Lukhaup, C. (2015). New species of "vampire crabs" (Geosesarma De Man, 1892) from central Java, Indonesia, and the identity of Sesarma (Geosesarma) nodulifera De Man, 1892 (Crustacea, Brachyura, Thoracotremata, Sesarmidae). *Raffles Bulletin of Zoology* 63:3-13.

2. Owen, J. (17 March 2015). Two Vampire Crab Species Found, Are Already Popular Pets. *National Geographic*. Retrieved from https://on.natgeo.com/43YsjEo

3. Ng, P.K.L. (2017). On the identities of the highland vampire crabs, Geosesarma foxi (Kemp, 1918) and G. serenei Ng, 1986, with description of a new phytotelmic species from Penang, Peninsular Malaysia (Crustacea: Decapoda: Brachyura: Sesarmidae). *Raffles Bulletin of Zoology*, 65: 226–242.

血宴
暖血生物之日常

在淡水溪澗出沒的德古拉

哥德式恐怖小說《德古拉（Dracula）》自 1897 年推出以來，主人翁德古拉都是流行文化中吸血鬼經典形象的源頭，而這章要講的動物，正是以德古拉命名的德古拉魚（*Danionella dracula*）。

這種不足 2 厘米長、全身幾乎透明且無鱗的熱帶小型淡水鯉科魚類，在 2007 年 4 月才被英國倫敦自然歷史博物館動物學家 Ralf Britz 於緬甸北部的溪流中所發現。這種魚雖然與常用以研究生物再生能力的斑馬魚基因上是近親，但越研究得多，Britz 就越意識到德古拉魚的身體在許多方面都非比尋常。

於 2009 年刊出的報告中 [1]，Britz 的團隊明言德古拉魚最奇特之處是其兩隻尖牙，這種魚亦是 3,700 多種鯉科魚類中，唯一一個成員長有尖牙。因為無論是在哪種水體生活，通常只有肉食性魚類才具有鋒利牙齒。相反，草食性魚類例如鯉科都無牙齒，但在咽喉長有咽

頭齒（pharyngeal teeth），而一般鯉科魚的咽頭齒特別發達，其主要功用就是把植物纖維在咽喉中切斷或壓碎。當然咽喉齒形狀在不同魚也有不同，有帶鈎、有鋸齒形等等。德古拉魚卻竟然無咽頭齒而在上顎演化出尖牙來，難怪當年 Britz 將德古拉魚形容為十多年來，最令人驚奇的有脊椎動物。

事實上，全屬淡水魚的 3,700 多種鯉科魚類分佈十分廣泛，體型差異也極大——最大的巨暹羅鯉（*Catlocarpio siamensis*）可長達 3 米，已知世上最小魚類微鯉（*Paedocypris progenetica*）則只有約 0.8 厘米長，所以德古拉魚有例外的特徵似乎又非常合理。

那，為何德古拉魚在演化過程中仍保留牙齒結構呢？Britz 團隊在研究中發現，德古拉魚的牙並非真的是牙，而是從顎骨突出並刺破皮膚貌似獠牙的骨骼結構。在對比德古拉魚、斑馬魚以及其他鯉科魚類的 DNA 後，

團隊發現德古拉魚的祖先與其他鯉科魚類一樣，早在 5,000 萬年前便失去牙齒，但德古拉魚在 3,000 萬年前又逐漸演化出類似獠牙的骨骼結構。

雖然已知德古拉魚會吃蝦的幼體、線蟲等，總之並非草食性，但這類似獠牙的結構並非用來捕食，且只在雄性德古拉魚身上出現，並在爭奪領海和求偶時與同性搏鬥時使用。有牙的雄性的上下顎更可張開出一個較大的角度，與身體主軀幹呈 45° 至 60°，細心看真的似流行文化中吸血鬼張口咬人的情況！

過去雖然已知無牙生物，如斑馬魚可通過重啟基因路徑，讓其重新長出牙齒來。不過，Britz 的團隊暫仍未在德古拉魚身上這樣做，因為在基因學上是種非常困難的研究，且暫未有團隊可以確認德古拉魚是否仍留有古老的長牙基因路徑。

　　另一方面，德古拉魚比近親斑馬魚少 44 塊骨，它們並非如牙齒一樣消失，而是根本就無形成過。與其他相關魚類相比，德古拉魚停止發育的時間要早得多，並且在整個成年期都保留著幼魚的精簡骨骼結構。這種幼態成熟（paedomorphosis）的情況在不少生物例如蠑螈也有出現[2]，能加快幼體變得性成熟，同時讓個體更能應對棲息地變化，在開放生態位存在的情況下利用環境的異質性，從而增加整個品種的適應性，只是在有脊椎動物身上較少出現。

　　在 2021 年的研究中[3]，Britz 的團隊再分析包括德古拉魚的 4 種小鮒（Danionella）如何變成體型小的鯉科魚類，並明言小鮒可成為有椎脊動物中的模式生物（model organisms），可能對神經生理學研究有重要啟示，幫助破解一些大腦秘密。

參考：

1. Britz, R., Conway, K. & Rüber, L. (2009). Spectacular morphological novelty in a miniature cyprinid fish, Danionella dracula n. sp. *Proc Biol Sci*. 2009 Jun 22; 276(1665): 2179–2186. doi: 10.1098/rspb.2009.0141

2. Denoël, M., Joly, P. & Whiteman, H.H. (2005). Evolutionary ecology of facultative paedomorphosis in newts and salamanders. *Biol Rev Camb Philos Soc*. 2005 Nov;80(4):663-71. doi: 10.1017/S1464793105006858

3. Britz, R., Conway, K. & Rüber, L. (2021). The emerging vertebrate model species for neurophysiological studies is Danionella cerebrum, new species (Teleostei: Cyprinidae). *Scientific Reports* 11, 18942 . doi: 10.1038/s41598-021-97600-0

有前臂長的
巨型亞馬遜水蛭

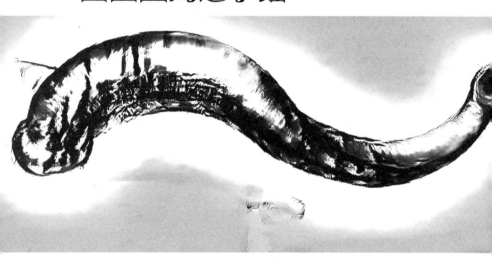

　　除了蚊與蝨之外，最多人認識的大自然吸血鬼，很有可能就是水蛭。2017 年的研究曾分析過吸血蝙蝠、扁蝨與水蛭的基因與演化樹 [1]，發現其吸血習慣是通過趨同演化（convergent evolution）產生的，亦即兩類在親緣關係上很遠的生物，因為長期處於相似的生活環境

而演化出相似的特徵，這些特徵並未出現在牠們的最後共同祖先身上。至於是哪一種因素導致這麼多動物都吸血，則還是未知之數。

不過，水蛭這樣普遍，有差不多 700 個品種，講哪一種好？不如就介紹一下可能是世上最大的巨型亞馬遜水蛭（*Haementeria ghilianii*）吧！

曾經野外滅絕？

作為環節動物門環帶綱的動物，水蛭體型大小非常多樣化，最短的只有 1 厘米長，而巨型亞馬遜水蛭竟然闊約 10 厘米、長逾 45 厘米，與一般成年男性的前臂差不多長，也闊過一個飯碗。巨型亞馬遜水蛭棲息於南美洲亞馬遜河口，棲息範圍北至委內瑞拉南至法屬圭亞那。成年巨型亞馬遜水蛭與幼體不同，是呈灰啡色的，且有不連續的條紋。

　　巨型亞馬遜水蛭最初於法屬圭亞那的沼澤被發現，當時學者收集到兩個成年樣本，但在 1890 年代至 1970 年代的 80 多年，都未有再發現過活體樣本，一度被認為已經滅絕。

　　這兩隻巨型亞馬遜水蛭樣本，其中一隻被戲稱為「祖母摩西（Grandma Moses）」，因為這隻雌性樣本，在被帶到柏克萊加州大學後短短 3 年，已繁殖出逾 750 隻水蛭後代，並為 46 份醫學、神經學和自然歷史研究提供了重要數據，而「祖母摩西」死後亦長眠於柏克萊加州大學，成為國家蠕蟲館藏之一 [2]。

　　後來，美國動物學家 Roy T. Sawyer 再於法屬圭亞那的一個池塘中，重新發現兩隻成年巨型亞馬遜水蛭，才知道這個巨型物種未有滅絕，而這兩隻巨型亞馬遜水蛭也繁殖出 366 隻後代！值得留意的是，巨型亞馬遜水蛭與其他水蛭一樣都是雌雄同體，所以基本上只餘一

隻也可以繼續繁殖，並不會有太大滅絕危機，只是大家不知道在哪裡找到野生巨型亞馬遜水蛭罷了。

　　水蛭最重要的特徵是頭尾各有一個吸盤，尾部比口部吸盤大而明顯，而水蛭亦可分成「有吻」和「無吻」兩類；有吻蛭就是擁有肌肉質的口器，可從口中伸出刺進宿主體內吸血，至於無吻蛭顧名思義無上述的口器。許多無吻蛭是利用口中一、二或三片的半圓形顎，切開宿主的皮膚；巨型亞馬遜水蛭則屬於有吻蛭，會伸出長達 10 厘米的口器，釋放抗凝血劑並開始以每分鐘 0.14 毫升的速度吸啜宿主的血，最多每一次吸高達 15 毫升的血液。

　　然而，水蛭除了吸血，其實飲食非常多樣化，多以軟體動物、昆蟲和魚卵等為食，只有少數才會吸血。學者現時已知，巨型亞馬遜水蛭幼體會吃兩棲類動物（注意是吃，不是吸血），成年的則會攻擊凱門鱷

(Caiman)、水蟒、水豚和牛隻等大型生物，是種恐怖的狩獵者！

我們都知，水蛭會在吸血時非常頑固地留在宿主的皮膚上。據 2018 年的研究[3]，成年可達 20 厘米長的日本醫蛭（*Hirudo nipponia*）為避免脫離宿主皮膚，日本醫蛭會產生超過其體重 118 倍的黏附力，並能承受其體重至少 1,500 倍的衝擊力。此外，該水蛭的皮可承受大約 6 倍大氣壓的內部流體壓力，所以能吸取大量血液而不會撐破自己。雖然類似的研究無在巨型亞馬遜水蛭身上進行，但可以想像到體型更大的牠們吸附力可以有多大，自行對付牠們是不能承受的痛！

水蛭放血療法歷史

水蛭的醫療應用源遠流長[4]，早在 3,000 多年前的古埃及時代經已有記載。古希臘詩人荷馬亦於公元

前 7 世紀所寫的史詩作品《伊利亞德 (Iliad)》提及古希臘醫生在特洛伊戰爭中利用吸血類水蛭來治療士兵的傷口。不過，利用水蛭作醫療用途的最早正式紀錄應該是公元前 2 世紀古希臘醫學家尼坎德（Nicander of Colophon）所著的《毒與解毒劑 (Alexipharmaca)》。

令水蛭療法攀上巔峰的人，則是拿破崙軍隊的外科醫布魯塞斯（François-Joseph-Victor Broussais）。在這位水蛭狂熱者心目中，水蛭能醫百病，任何疾病都可以用水蛭放血來治療。他甚至發展出一套完整的病理學理論去解釋放血療法結何可以舒緩內臟發炎，做法亦比起利用開刀進行放血更為安全。

1820 年到 1845 年，歐洲水蛭的運用達到頂點。當時，單是一次水蛭治療就可用上 80 隻水蛭。英國僅倫敦一家醫院一年就能消耗 2 萬多隻水蛭。至於水蛭熱潮的發源地法國則更為誇張，單單在 1833 年該國就

進口了 4,200 萬隻水蛭，每年的消耗量貼近 1 億隻水
蛭！

可是，後來有人質疑以水蛭放血一點效用也沒有，
在很長的一段時間被視為偽科學。到 2004 年美國食物
及藥物監督管理局（FDA）將醫用水蛭列為醫材之後 [5]，
水蛭已被應用在整型手術和斷肢接合後的靜脈淤積，並
有病例實證證明有效。當中，於 1984 年在巨型亞馬遜
水蛭（很有可能是祖母摩西的後代）身上發現的抗凝血
蛋白酶吻蛭素（hementin）亦在這些手術中帶來方便 [6]。
除此之外，吻蛭素也可以用來治療血栓。

不過，留意的是這些水蛭均為實驗室培殖，不含任
何細菌或病原體，所以切勿在非專業醫療團隊指導下，
使用來歷不明的水蛭作治療用途。

另一方面，許多人認為水蛭吸血時會釋放麻醉劑，因此不易被宿主察覺，但實際上研究中從未在任何水蛭唾液中找到具有麻醉效果的成份。

　　講了這麼久，為何水蛭可以消化到血液呢？原來與消化道的共生菌有關，這些細菌在非吸血水蛭是沒有的。在 2015 年發表的研究已發現 [7]，吸血水蛭在其演化史上至少 5 次獨立與不同細菌發展出夥伴關係。換言之，沒有共生菌水蛭根本不會吸血，而吸血很明顯對於水蛭的生存非常重要，否則也不會多次演化出這種共生關係。

　　不論中外，很多都市傳說都指出，要將在吸血的水蛭移除，在上面倒鹽或用火燒。不過，這錯得離譜且對你本身也相當危險——雖然水蛭在用鹽或火攻下會「鬆口」，但也會導致它將吸嗍過的「大餐」，以及水蛭消化道中的共生菌，也會跟著被吐至傷口之中，造成傷口感染、發炎、皮下膿瘍、蜂窩性組織炎甚至敗血症。

　　所以，最好的解決方法就是等到水蛭吸完血，自動脫落就好。這對於普通水蛭當然是無問題，但真的不幸被巨型亞馬遜水蛭咬住，唯有嘗試以指甲篤一下其口部吸盤，牠們應該就會鬆開口部。

參考：

1. Ware, F.L. & Luck, M.R. (2017). Evolution of salivary secretions in haematophagous animals. *Bioscience Horizons: The International Journal of Student Research*, Volume 10, 2017, hzw015. doi: 10.1093/biohorizons/hzw015

2. Gambino, M. (10 August 2011). The List: 5 Weirdest Worms at the Smithsonian. *Smithsonian Magazine*. Retrieved from https://bit.ly/3ZA1bIl

3. Li, S.P., Zhang, Y., Dou, X.X. & et al. (2018). Hard to be killed: Load-bearing capacity of the leech *Hirudo nipponia*. *Journal of the Mechanical Behavior of Biomedical Materials* Volume 86, October 2018, Pages 345-351. doi: 10.1016/j.jmbbm.2018.07.001

4. 史丹福. (25 July 2022). 水蛭與醫學. 史丹福狂想曲. Retrieved from http://drstanford.blogspot.com/2022/07/blog-post.html

5. AP. (29 June 2004). FDA approves leeches as medical devices. Retrieved from https://nbcnews.to/3KqzeOB

6. Malinconico, S., Katz, J., Budzynski, A. (1984). Hementin: anticoagulant protease from the salivary gland of the leech *Haementeria ghilianii*. *The Journal of laboratory and clinical medicine* 1984 Jan;103(1):44-58.

7. Perkins, S.L., Budinoff, R.B., Siddall, M.E. & et al. (2015). New Gammaproteobacteria Associated with Blood-Feeding Leeches and a Broad Phylogenetic Analysis of Leech Endosymbionts. *Applied and Environmental Microbiology* Vol. 71, No. 9. doi: 10.1128/AEM.71.9.5219-5224.2005

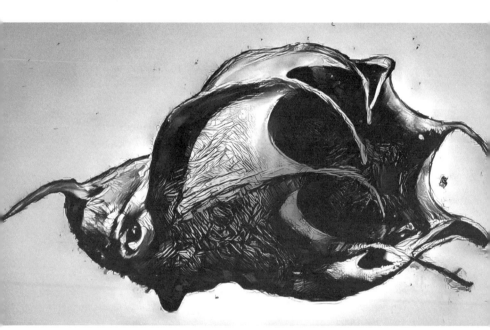

來自地獄的吸血鬼章魚

雖然被發現超過 100 年，但吸血鬼章魚（Vampire squid）仍然是海洋中其中一種最神秘的生物。

　　吸血鬼章魚最初於 1898 至 1899 年的德國深海探險任務 Valdivia Expedition 中被發現，該次任務由德國著名海洋生物學家 Carl Chun 領航，當時 Chun 想證實海洋 550 米以下有生命的存在。這個想法是與 1843 年由英國自然學家 Edward Forbes 提出的「深淵理論（The Abyssus theory）」相違，該理論認為海洋生物的數量和多樣性會隨海洋深度的增加而減少，而 Forbes 以自己的測量，推算海洋生物在 550 米深以下就不能存在。

　　總之，Chun 的團隊登上配備了收集深海生物的設備，以及實驗室和樣本瓶的探險船 S.S. Valdivia，從德國漢堡出發，然後繞過非洲西海岸到達非洲最南端，研究印度洋和南極洋深處的生物多樣性。最終，團隊也成

功找到吸血鬼章魚這種生活於 550 米深以下海底的生物，直接推翻了深淵理論[1]。

在 1903 年，Chun 亦正式公佈將這種深海頭足類動物命名為 *Vampyroteuthis infernalis*，其意思顯然易見：來自地獄的吸血鬼。這名字確實與吸血鬼章魚的樣子很貼切，因為身長最長達 30 厘米的吸血鬼章魚，其身體顏色為深紫紅色、有 8 隻長有尖刺的觸手，還有和兩隻像耳朵的鰭狀物。正常情況下更似一把摺起了的貴婦遮陽傘，由於牠們是深海生物，吸血鬼章魚擁有非常發達的大腦視葉與超大眼睛。事實上，吸血鬼章魚是世上所有已知動物中眼睛與身體比例最大的動物[2]。牠們身上也帶有生物發光器，隨時可以「著燈」增加在漆黑海底的視野與活動靈活度。

像許多深海頭足類動物一樣，吸血鬼章魚沒有墨囊。在遇上危險時，牠們就會先翻開自己，露出觸手上的尖刺進行防衛，情況就如打風被吹翻的傘（在英文中，學者將此形容為「菠蘿形態（Pinapple pose）」）。如果仍未嚇走對方，牠們就會從觸手末端噴出一團生物發光黏液，這種黏稠的「閃光彈」足以讓潛在的捕獵者動彈不得且被標記，令牠們容易被其他次級捕獵者看到，牠們亦只能忙於逃命，無法繼續追捕吸血鬼章魚。

另一個避險的方法則是與其他近親一樣：吸血鬼章魚會壯士斷臂然後花時間將斷臂再生。然而，生物閃光彈與斷臂都是吸血鬼章魚的最後殺手鐧，因為其新陳代謝成本很高，不到最後一刻也不會使用[3]！

現時已知吸血鬼章魚普遍生活於 600 至 900 米深，甚至更深的溫帶和熱帶海洋海底。這個深度被稱為「氧氣最少區（oxygen minimum zone）」，其溶氧飽

和度只有超低數字的 3%，基本上無法支持大多數複雜生物的有氧代謝，但吸血鬼章魚則是已知唯一能夠在此區渡過其整個生命週期的頭足類。為何本身已經夠奇怪的吸血鬼章魚會生活在這種極端環境呢？原來，現代吸血鬼章魚在侏羅紀中期（即 1.65 億年前左右）的祖先陷阱吸血鬼章魚（*Vampyronassa rhodanica*）曾生活在較高約 200 米深的海洋，從現今法國發現的多個化石樣本均顯示，陷阱吸血鬼章魚觸手肌肉組織更為發達，且身體更為流線型，可見這種已滅絕的頭足類動物本身是種活躍的捕獵者[4]。

主流說法指出，吸血鬼章魚祖先當年要移居深海是因為要躲避體型龐大、速度快的蛇頸龍這類頂級捕獵者。的確，現代學者已從蛇頸龍化石的胃部發現到菊石與箭石等有硬殼的淺海生物。不過，2021 年刊於《通訊生物學》的研究指出[5]，侏羅紀之後的白堊紀（1.45 億至 6,600 萬年前）古環境曾發生顯著變化，海洋曾多次出

現重大缺氧事件，現今吸血鬼章魚的一些祖先只能逃至更深的海洋，而這亦可從白堊紀第 5 個時期的阿普第期（1.25 億至 1.13 億年）淺海地層不再找到吸血鬼章魚祖先與近親的化石得到佐證。

另一方面，學界亦發現另一個吸血鬼章魚的祖先亨格麗卡章魚（*Necroteuthis hungarica*）化石在約 3,400 萬年前的漸新世（Oligocene）已在約 400 米深海底地層出現。換言之，為了避過大規模滅絕，吸血鬼章魚祖先在這當中 9,000 萬年空白期不斷適應完全黑暗、超低氧的海底環境，並演化成吸血鬼章魚生存至今。同時，因為吸血鬼章魚一直留在深海，牠們實際上與你會吃的現代魷魚、墨魚與章魚（即八爪魚）等都無甚關係，只是遠親而已。

　　說了這麼久，到底吸血鬼章魚到底是吃甚麼過活呢？2012 年發表的研究指出，雖然吸血鬼章魚「來自地獄」，但牠們不似遠親的魷魚和墨魚等會捕獵蝦蟹，其實只會使用觸手伸展出來的纖絲，捕吃海洋雪（marine snow）[6]，而海洋雪是深海中像雪花一樣不斷沉降的有機物碎屑。因此，吸血鬼章魚是海底清道夫，有甚麼「冷飯菜渣」就吃下肚生存下去，根本不如名字般可怕。更何況人類鮮有下潛這麼深的海底，我們就不必擔心牠們會「吸血」！

参考：

1. The German Deep-Sea Expedition. (1898). *The Geographical Journal*, 12(5), 494–496. doi: 10.2307/1774523

2. Guinness World Records. (n.d.). Largest eye-to-body ratio. Retrieved from https://www.guinnessworldrecords.com/world-records/largest-eye-to-body-ratio

3. Monterey Bay Aquarium. (n.d.). Vampire squid. Retrieved from https://bit.ly/3oAlQ29

4. Rowe, A.J., Kruta, I., Landman, N.H. & et al. (2022). Exceptional soft-tissue preservation of Jurassic Vampyronassa rhodanica provides new insights on the evolution and palaeoecology of vampyroteuthids. *Sci Rep* 12, 8292 (2022). doi: 10.1038/s41598-022-12269-3

5. Košťák, M., Schlögl, J., Fuchs, D. & et al. (2021). Fossil evidence for vampire squid inhabiting oxygen-depleted ocean zones since at least the Oligocene. *Commun Biol* 4, 216. doi: 10.1038/s42003-021-01714-0

6. Hoving, H.J.T. & Robison, B.H. (2012). Vampire squid: detritivores in the oxygen minimum zone. *Proc. R. Soc. B.* 279: 4559–4567. doi: 10.1098/rspb.2012.1357

變態！
鑽入尿道的吸血鬼？

　　面積達 700 萬平方公里（差不多兩個日本大）的南美亞馬遜流域，擁有數量驚人的多樣性生物——這裡也有一些神奇兼嗜血的生物，除了很多人知道的食人魚之外，還有一種叫做藍色吸血鬼的小型魚類，令人與其他流域中的生物防不勝防。

藍色吸血鬼的真實名字是捲鬚寄生鯰（*Vandellia cirrhosa*），又名牙籤魚，是一種寄生鯰魚，長度僅有 4 至 8 厘米[1]，相對其他寄生鯰魚的平均 40 厘米長的確是相對細小。

　　藍色吸血鬼生活在玻利維亞、巴西、秘魯、厄瓜多爾和哥倫比亞一帶的亞馬遜流域河底。每一條都是半透明，游泳速度極快，因此很難在湍急水流中被發現。而牠們喜歡尋找較大的魚類（多數是大型鯰魚），然後鑽入其腮中，用尖牙咬住依附在上再吸啜宿主的血液！吸完血的捲鬚寄生鯰腹部會膨脹，清楚顯示牠們已享用大餐，但會繼續死咬住腮不放。

　　如果藍色吸血鬼只靠這樣「普通」的吸血行為，又怎會出現在此書之中呢？

　　早在 19 世紀初，德國生物學家 C.F.P. von Martius 已「記錄」人類被藍色吸血鬼攻擊。亞馬遜流域的不同原住民部族男性都會在進入河中時戴上防具保護下陰，一般都認為是防止被食人魚等生物咬傷「子孫根」。這位生物學家雖然未真正觀察到事件發生，但認為藍色吸血鬼會被人尿味道吸引咬住「子孫根」。

　　此後有很多歐洲學者繪影繪聲地記錄亞馬遜流域不同地區都有類似說法，很多說法都指男人在河中或河上如廁時，藍色吸血鬼可逆尿流而上鑽入尿道，最終可進入膀胱，永久地寄宿人體吸血，並會在當中產數以百萬計的卵。雖然違反常理與物理流體力學定律，但僅有極少數人批評說法荒謬，甚至到現在仍有很多南美人相信說法屬實；當地人亦會警告遊客，不要在河中洗澡或小便，並且隔數年就有無圖無片的「真實案例」。

過去的確曾有不同藍色吸血鬼攻擊人的醫生報告，但已知的多數都是進入女性陰道，而非男性的尿道，亦無專家匯報過藍色吸血鬼鑽入人類肛門的情況[2]。美國生物學家 Eugene Willis Gudger 早在 1930 年就指出，種種跡象均顯示體型微細的藍色吸血鬼難以鑽進男性尿道，說法只是以訛傳訛的都市傳說[3][4]。

真實案例？

唯一一個藍色吸血鬼進入人體尿道的醫學記錄，發生在 1997 年巴西北部的伊塔夸蒂亞拉（Itacoatiara）。在這件事件中，23 歲的男性受害人聲稱，當他在大腿深的河流中小便時，藍色吸血鬼從水中「跳」進他的尿道。他在同年 10 月 28 日接受了 Anoar Samad 醫生為時兩個小時的泌尿外科手術，以將魚從他的身體中取出。

1999 年，美國海洋生物學家 Stephen Spotte 前往巴西詳細調查此事，也親自會見並採訪了 Samad。後者也自願提供了當年的照片、膀胱鏡檢查程序的原始 VHS 錄影帶，以及保存在防腐劑的實際藍色吸血鬼樣本。 Spotte 團隊進行了檢查，再對比 Samad 的正式報告。 雖然 Spotte 無就事件的真實性公開表達任何結論，但他確實地用以下幾點質疑 Samad 的報告[2]：

1. 患者稱聲魚衝出水面，順著尿流進入其尿道，但根據流體物理學這是不可能做到的。

2. Samad 提供的文件和標本表明魚長 133.5 毫米、其頭部直徑為 11.5 毫米，本身已難以進入尿道；如真的要鑽進去，需花極大力量，當中已有機會造成痛楚。

3. Samad 聲稱他必須剪斷藍色吸血鬼的尖牙才能將之從受害者體內取出，但他提供的樣本的所有尖牙都完好無損。

4. Samad 亦聲稱，他通過尿道開口將藍色吸血鬼
   向後拉出，如果魚的尖牙完好無損，這幾乎是不
   可能做到的。

Samad 也認定藍色吸血鬼被尿液的氣味所吸引，因此 Spotte 的團隊在 2001 年進行實驗[5]證明說法毫無根據。

團隊比較了藍色吸血鬼在有和沒有化學催化劑，例如尿中的氨，對潛在金魚宿主的行為。他們的發現相當明顯：藍色吸血鬼似乎對任何味道完全不感興趣，相反只對不斷游動的金魚一見鍾情。換言之，夜間活動的藍色吸血鬼主要以視覺尋找宿主，打破超過 150 年來的都市傳說。

2013 年的審視報告也質疑^[6]，考慮到藍色吸血鬼的習性、棲息範圍，以及沿河居住的人口數量可觀，現代醫學文獻中應該不會只有極少量侵犯人體的案例。然而，過去的歐洲學者為何都指藍色吸血鬼會鑽入尿道呢？

該報告解釋，對於早期到達新大陸的探險者來說，穿過茂密的森林聽到無數奇異生物的故事，他們很難將事實與民間故事區分開來。同時，語言障礙也成為問題，令他們誤會了當地原住民部落的一些說法、手勢解釋。特別是有說法指出，當地人會使用一種稱為 Jagua 或 Genip 樹木果實汁液煲成茶來融解尿道中的藍色吸血鬼，但實際上這些茶可能是為了治療更常見的腎結石！

當然，我們也不能排除，當年有人以獵奇方式去介紹新大陸的發現，以誇張其辭換取知名度，因此在解讀該些文獻時需要非常謹慎。

這麼多的疑幻疑真，一個都市傳奇就這樣誕生。然而，2021 年有學者[1]表示藍色吸血鬼襲擊人類的個案確實在近年有所上升，只是並非鑽入尿道，而是咬住例如背部與腿部等不同身體部位吸血，由於藍色吸血鬼的強大咬合力，就算專業醫護在移除魚身時，都會被逼令受害人流血，需要後續的程序止血。不過，該報告未有解釋為何更多個案出現，或者是因為更多人類在過去偏遠亞遜流域地區活動，增加了與藍色吸血鬼的互動。總之，小心駛得萬年船！

參考：

1. Haddad, Jr., V., Zuanon, J. & Sazima, I. (2021). Medical importance of candiru catfishes in Brazil: A brief essay. *Rev Soc Bras Med Trop.* 2021; 54: e0540-2020. Doi: 10.1590/0037-8682-0540-2020

2. Spotte, S. (2002). Candiru: life and legend of the bloodsucking catfishes. Berkeley, Calif.: *Creative Arts Book Co.*

3. Gudger, E.W. (1930). On the alleged penetration of the human urethra by an Amazonian catfish called candiru with a review of the allied habits of other members of the family pygidiidae (Part I). *Am J Surg* 1930; 8: 170–188.

4. Gudger, E.W. (1930). On the alleged penetration of the human urethra by an Amazonian catfish called candiru with a review of the allied habits of other members of the family pygidiidae (Part II). *Am J Surg* 1930; 8: 443–457.

5. Spotte, S., Petry, P. & zuanon, J.A.S. (2001). Experiments on the Feeding Behavior of the Hematophagous Candiru, Vandellia cf. Plazaii. *Environmental Biology of Fishes* 60, 459–464 (2001). Doi: 10.1023/A:1011081027565

6. Bauer, I.L. (2013). Candiru—A Little Fish With Bad Habits: Need Travel Health Professionals Worry? A Review. *Journal of Travel Medicine*, Volume 20, Issue 2, 1 March 2013, Pages 119–124. Doi: 10.1111/jtm.12005

來自恐龍時代的
深海乾屍製造者

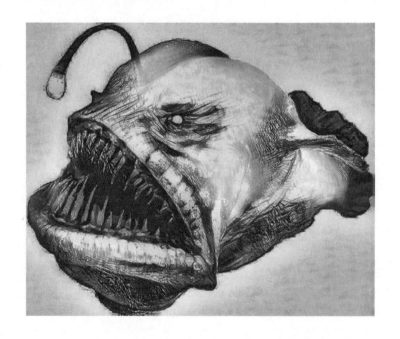

　　吸血鬼以血為食，中外不少文學、影視作品，

例如作家九把刀的《獵命師傳奇》系列與 Stephenie

Morgan Meyer 的《吸血新世紀（Twilight）》系列等，

都有設定被吸血鬼輕輕咬過的人會變成新吸血鬼,血被吸乾的則直接成為乾屍死亡。以下所介紹的生物,很可能沒甚麼人覺得牠們是吸血鬼——名字也不是與德古拉有關——但這些生物的雌性會吸乾雄性的幾乎整個身體,成為自身的一部分!

介紹返:鮟鱇魚(Lophiiformes)這類奇怪的硬骨魚。根據現時的線粒體基因研究,鮟鱇魚在 1.3 億至 1 億年前的白堊紀(即恐龍仍橫行地球的時代)因種種以下描述的特徵快速演化 [1],並進佔很多當時生物無法抵達的深海海域,繼續生活至今,可算是一類非常成功的生物。然而,鮟鱇魚不如外間所說只是深海出現的魚類,牠們視乎品種棲息海域可由 3 米深到 3,600 米深,生活在淺海珊瑚礁的鮟鱇魚,因為體型與色彩,一般都作為觀賞魚;較深海居住的則有一部分成為人類的美食,例如日本人愛吃的鮟鱇魚肝。

海底中的明燈？

現時已知的至少 170 種鮟鱇魚棲息於漆黑的深海之中，這些深海鮟鱇魚的前背鰭已演化出一枝「釣竿」，這枝生在頭頂的「釣竿」末端蘊藏數以百萬計的發光菌，發出光芒吸引其他深海生物游近鮟鱇魚，成為後者的食物。有些品種例如喬氏莖角鮟鱇（*Caulophryne jordani*）甚至全身的鰭都特化成絲狀「釣竿」，全方位帶發光菌增加躺平捕獵效率。

有學者曾指出，這些發光菌似乎已流失很多重要基因，無法在宿主鮟鱇魚以外獨立生存的能力。不過，近年卻有研究指出，不同海域的多代鮟鱇魚都有幾乎完全一樣的發光菌種類，但在對比鮟鱇魚身上的發光菌卻發現有基因不同。換言之，發光菌並非由父母遺傳到後代，而是從深海環境中攝取吸收 [2]。這又帶出新的問題：無法獨立生存的發光菌到底從何而來？未來將需更多研究找出答案。

更奇怪的是，多年來不同團隊在全球多個海域捕撈到的鮟鱇魚樣本，幾乎清一色是**雌性**。雖然，早在1925年英國倫敦自然史博物館魚類學家 Charles Tate Regan 已發現到鮟鱇魚身上有較小的魚依附[3]，當時學界普遍認為牠們是未脫離母體的幼魚。當這些小型鮟鱇魚的其他樣本單獨被發現時，很多時也被認為是一個完全不同品種的鮟鱇魚，尤其牠們往往無「頭燈」，鼻孔也非常大。

直到 2018 年[4]，學界才首次以鏡頭捕捉到在深海約 800 米的喬氏莖角鮟鱇交配情況，完全確定這些小魚根本是同品種的雄性鮟鱇魚，並得出結論：雄性只是雌性的繁殖工具。

究竟兩者體型有多大分別，才令學者多年來都搞錯呢？答案：雌性可以比雄性的體型大數十倍至數百倍！

一般而言，雄性鮟鱇魚的消化組織在成年後便會失去功能，因此必須寄生在雌性鮟鱇魚身上（通常是下腹）。雌性亦會釋出特別的氣味吸引隱身於黑暗中的雄性，而雄性會靠牠們的大鼻孔嗅到氣味，並找尋雌性將之咬住，兩條魚的組織血管會逐漸相通，雌性會吸收雄性的所有器官，只剩餘最有用的精巢，雄性結果會變成雌性身上的一個肉瘤，完成其一生的唯一任務。另外，一條雌性鮟鱇魚是可讓數條雄性寄生於其身上——誰會嫌工具包太多呢？

　　另一個詭異的發現來自 2020 年刊於《科學》的研究 [5]。該研究發現，為了吸食雄魚的身體，雌性鮟鱇魚減少了甚至完全失去一些被視為有脊椎動物免疫系統的主要部件。透過改變檢測外來細胞的基因，雌性鮟鱇魚不會對重要的「精巢」作出免疫反應，更指令系統視之為身體一部分。至於鮟鱇魚免疫系統如何有效地抵抗病原體，與接納雄性之間作出平衡，仍是未知的領域；如

果我們有更多數據，說不定能幫助器官移植方面的研究呢！

　　雖然已知有些鮟鱇魚品種的雄性，不會被雌性完全吸乾，可以在被吸精後全身而退，但毫無疑問鮟鱇魚這種「吸血鬼行為」是牠們 1 億多年來能在黑暗的海底中不斷繁衍的秘密。你看完這一章後，還敢吃眼前那一客鮟鱇魚肝軍艦嗎？

参考：

1. Miya, M., Pietsch, T.W., Orr, J.W. & et al. (2010). Evolutionary history of anglerfishes (Teleostei: Lophiiformes): a mitogenomic perspective. *BMC Evolutionary Biology*. 10: 58. doi:10.1186/1471-2148-10-58

2. Baker, L.J., Freed, L.L., Easson, C.G. & et al. (2019). Diverse deep-sea anglerfishes share a genetically reduced luminous symbiont that is acquired from the environment. *eLife* 8:e47606. doi: 10.7554/eLife.47606

3. Scales, H. (1 Feb 2023). Discovered in the deep: the anglerfish with vampire-like sex lives. *The Guardian*. Retrieved from https://bit.ly/3SYrgiy

4. Langin, K. (22 March 2018). Exclusive: 'I've never seen anything like it.' Video of mating deep-sea anglerfish stuns biologists. *Science*. Retrieved from https://bit.ly/3JqgChv

5. Swann, J.B., Holland, S.J., Petersen, M. & et al. (2020). The immunogenetics of sexual parasitism. *Science* Vol 369, Issue 6511, pp.1608-1615. doi: 10.1126/science.aaz9445

海螺都吸血

你有想過海螺都會吸血嗎？

生活於北美洲至中美洲東太平洋海岸的庫珀核螺（*Cancellaria cooperi*）就是這樣奇怪的生物。現時有逾

200 種核螺科（Cancellariidae）物種，當中有很多種，人類都不知道其飲食習慣。

早期的研究曾指庫珀核螺僅以軟體生物為食，但該海螺的輻射狀結構、相對簡單的消化系統、長長的吻部（proboscis）和有周邊唾液腺，都顯示庫珀核螺很可能被定義為食肉動物，再加上後來發現的刺穿器官，學界相信庫珀核螺的飲食習慣毫不簡單。

到 1987 年終於有團隊發現[1]，屬中型海螺的庫珀核螺會通過追蹤獵物表面的化學訊號來獵吃其血液。牠們主要吸啜電鰩的血液，在捕捉到電鰩後，庫珀核螺會利用其口器內的尖牙，切開電鰩表面再將吻部插入傷口吸血。如果庫珀核螺無法第一次成功吸取血液，就會再次強行將吻部伸入獵物的口、鰓或肛門，吸牠能夠吸的體液。

該團隊更發現，如果庫珀核螺沒有遇到電鰻的話，牠們會待在沙內至少 12 天不動如山，這樣就能減少其能源消耗。實地觀察也表明，庫珀核螺可能會移動多達 24 米以尋找電鰻。這份研究更是首度有學者發現腹足類軟體動物能寄生於魚類上。

除了庫珀核螺，世界另一邊廂的地中海，也有地中海吸血布紋螺（*Cumia reticulata*）會吸血。其實全部布紋螺科成員都生活在熱帶至溫帶海域[2]，已知都無齒舌（Radula）結構無法磨碎植物或動物組織，只能附在魚上吸血為生，所以海螺吸血比大家想像中更為普遍。

原生於意大利西西里島至西非海岸一帶的地中海吸血布紋螺，常見於底棲珊瑚環境中。牠們會在晚上魚類熟睡時吸血。牠們以特殊口器切開魚肉再將吻部直接伸入血管吸啜魚類的血液，其吻部更可伸展到體長的 3 倍，讓庫珀核螺繞過許多魚類對吸血的防禦，例如鸚嘴

魚會在每夜睡眠前以唾液製造「蚊帳」，防止庫珀核螺以及其他動物攻擊 *。

地中海吸血布紋螺的化學雞尾酒

另一方面，迄今的觀察發現被布紋螺科吸血的受害魚類明顯被麻痹，因此學界估計這些螺可在唾液中產生麻醉劑，並可以製造抗凝血劑來幫助牠們吸血。後來不同團隊都發現地中海吸血布紋螺在吸血時分泌的唾液是種雞尾酒，含蛋白質家族 ShK、Turripeptide、ADA 和 CAP-ShK 的麻醉劑。此外，當中也含有 PS1 、Meprin 和 Kunitz 等抗凝血劑以防止魚血凝固，這些抗凝血劑更在血液被完全消化之前，一直在地中海吸血布紋螺體內產生使用，讓牠們有效地用盡每一滴血的營養。

同時，學者也發現由於地中海吸血布紋螺吻部實在太長，加上肌肉並非十分發達，牠們在吸血時會製造用

來加壓的化學成份，從而增加可吸入的血液，且加快吸啜速度，縮短享用大餐時間。

還不得不提地中海吸血布紋螺會釋出一種獨特神經毒素 Turritoxin ，似乎與抑制離子通道和作為絲氨酸蛋白酶抑製劑（serine protease inhibitor）有關，前者的作用是影響神經系統正常運作，而絲氨酸蛋白酶是在消化、凝血，甚至是在先天免疫系統都扮演重要角色，但現時學界未完全了解這種毒素在吸血時有甚麼幫助，將需要更多研究去了解當中機制。

大家放心以上的海螺都不會吸人血，即使是吸魚血，也並不會毒死宿主，所以吃魚時不用過份擔心。不過，有些海螺確實有丁點毒素，在處理這些食材時，最好也請教漁販是否真的適合食用，以及應如何處理！

＊ 根據 2010 年的研究，無「蚊帳」的鸚嘴魚較有「蚊帳」的同
類，被甲殼動物攻擊次數多 80%，而製造這個晚間防衛罩，
只佔鸚嘴魚一天能量消耗的 2%，明顯是對高質睡眠一個極好
的投資。

參考：

1. O'Sullivan, J.B., McConnaughey, R.R. & Huber, M.E. (1987). A
    Blood-Sucking Snail: The Cooper's Nutmeg, Cancellaria cooperi
    Gabb, Parasitizes the California Electric Ray, Torpedo californica
    Ayres. *Biological Bulletin*, Vol. 172, No. 3, pp. 362-366. doi:
    10.2307/1541716

2. Modica, M.V., Lombardo, F., Franchini, P. & Oliverio, M. (2015).
    The venomous cocktail of the vampire snail *Colubraria reticulata*
    (Mollusca, Gastropoda). *BMC Genomics* 16, 441. doi: 10.1186/
    s12864-015-1648-4

血湖中的七鰓鰻

2014 年美國 B 級恐怖電影《血湖 — 殺人七鰓鰻的攻擊（Blood Lake: Attack of the Killer Lampreys)》以七鰓鰻為題材，講述這些類似鰻魚的魚類在一個小鎮內不單殺死當地原生魚類，更開始鑽入人類的身體繁殖更會咬破宿主的腸肚出世，作為主角的 Michael 一家有「主角光環」最終成功解決七鰓鰻為患的問題，令小鎮回復平靜。

這個似異形多過吸血鬼的故事到底有幾多真有幾多假呢？我們是否真的要擔心七鰓鰻？

七鰓鰻科（Petromyzontidae）體形樣貌都似鰻魚、電鰻、黃鱔等輻鰭魚綱（Actinopteri）動物，但七鰓鰻根本不是魚，而是分類上屬於完全獨立的演化支圓口綱（Cyclostomata）動物，口部是帶尖牙的吸盤。另一方面只有軟骨的七鰓鰻科成員無鱗、不具有成對的鰭，且在口部後方具有七對鰓，所以才被稱為七鰓鰻。

　　七鰓鰻是至今少數僅存的無顎有脊椎魚形動物之一。在 2006 年發表於《自然》的研究指出[1]，最古老的七鰓鰻化石於南非東開普省發現，有 3.6 億年歷史，比恐龍更早出現，所以七鰓鰻也是一種「活化石」，對於研究有脊椎動物的演化有重要作用。

　　上面也提過，七鰓鰻有帶尖牙的吸盤形口部，牠們可以此緊緊吸附在魚類獵物身上，用角質齒刺破獵物的表皮，然後再用其粗糙的舌頭將魚肉刮掉，吸取獵物的血液和淋巴液。據估計，一條七鰓鰻每年就可以殺死大約 20 公斤的魚類[2]！而大部分七鰓鰻有洄游性，在繁殖期時從海洋或湖游至河流中挖洞築巢產卵，牠們產下卵後便會死去。幼七鰓鰻以浮游生物為食，到準備成年至成年期後就會變身成吸血鬼寄生雄魚類身上。

七鰓鰻極少襲擊人類，不過很多人也在一些河溪中見到牠們會蠢蠢欲動，只要大動作將之趕走，就不會被咬與吸血了！

　　解答最初的另一問題：七鰓鰻確實在北美造成嚴重生態問題。七鰓鰻在 1835 年首次在安大略湖被記錄 [3]，尼亞加拉大瀑布當時充當天然屏障，將七鰓鰻限制在安大略湖內，阻止牠們進入其餘四大湖。不過，在 1800 年代末和 1900 年代初，連接安大略湖和伊利湖的威蘭運河建成，提供了安大略湖和伊利湖之間的航運連接，同時也使七鰓鰻能夠進入五大湖的其他地區。在不足 10 年之內，七鰓鰻已經自出自入五大湖，迅速吸啜包括鱒魚、白鮭、鱸魚和鱘魚等五大湖最具商業價值的魚類之血；由於七鰓鰻一直不受控制地繁殖，在一個世紀內，鱒魚漁業就已經崩潰：在七鰓鰻入侵之前，加拿大和美國每年在五大湖上游捕撈約 680 萬公斤的鱒魚。到 1960 年代初，漁獲量急劇下降至約 13.6 萬公

斤，僅相當於以往的 2% 漁獲。在七鰓鰻數量最多的時期，高達 85% 未被七鰓鰻殺死的魚身上也有七鰓鰻攻擊的傷口。曾經繁榮一時的漁業被毀，相關的數十萬個工作職位也因而被削。

正因為問題極度嚴重，五大湖成立的漁業委員會協調控制各湖泊的七鰓鰻，美國魚類和野生動物管理局以及加拿大漁業和海洋部也有從中協助。委員會聘用生物學家在進出湖泊的河溪中設置屏障和陷阱，以防止七鰓鰻逆流而上，並使用不同的「殺七鰓鰻藥（lampricide）」例如 TFM 毒殺年幼七鰓鰻，這類化學物質對其他魚類無害，畢竟七鰓鰻與魚類是兩個完全不同的演化支。

最影響五大湖漁業的海七鰓鰻（*Petromyzon marinus*）基因組已完成排序，讓人類更理解海七鰓鰻遷徙、交配以及對危險和環境壓力的反應等等，或者在短期內利用相關的技術針對海七鰓鰻生命週期的弱點，從

而控制該些入侵物種的數量。基因組的數據也可讓專家知道，海七鰓鰻會否對已使用 60 年的殺七鰓鰻藥出現抗藥性，以制定適合的防控策略。

控制七鰓鰻的新技術一直在研發當中。現時學界也知道七鰓鰻使用氣味進行交流，有學者已複製了這些氣味，嘗試提高當前防控措施的成效。

除了用化學方法，其實當局也有考慮嘗試使用「人」來應對海七鰓鰻。在 1990 年代中期，五大湖漁業委員會將他們捕獲到的數千條雌性海七鰓鰻堆填，但與此同時，由於過度捕撈和棲息地喪失，海七鰓鰻在原生「祖國」如葡萄牙和西班牙的數量正在減少[4]。這變成了令該兩國廚師頭痛的問題，因為海七鰓鰻在伊比亞半島被視為上等美食，情況就如美國的波士頓龍蝦一樣。

當時委員會與明尼蘇達大學合作，看是否能將五大湖的海七鰓鰻變成美食。他們找來葡萄牙和西班牙廚師以不同方式烹煮海七鰓鰻，看哪一道菜最吸引本地人。結果顯示，以蒜蓉薯蓉燉煮海七鰓鰻的評分最高，其次則是煙燻，因為這兩種方式都可以蓋過海七鰓鰻原本的泥味，也突顯到其肉質；相反一些令海七鰓鰻原本味道突出的烹煮方法，則得到較低分，並不適合在美國推廣。

不幸的是，根據 2018 年的一項研究 [5]，成年海七鰓鰻的水銀含量仍超出了人類食用的安全水平，要消滅這種禍害五大湖生態的「吸血鬼」，暫時似乎還是用回化學方法比較好。

參考：

1. Gess, R., Coates, M. & Rubidge, B. A (2006). lamprey from the Devonian period of South Africa. *Nature* 443, 981–984. doi: 10.1038/nature05150

2. Great Lakes Fishery Commission. (n.d.). Future Control Methods. Retrieved from http://www.glfc.org/future-control-methods.php

3. NOAA. (20 January 2023). What is a sea lamprey?. *NOAA National Ocean Services*. Retrieved from https://oceanservice.noaa.gov/facts/sea-lamprey.html

4. Zhuikov, M. (15 October 2020). That Time I Organized a Sea Lamprey Taste Test. *Sea Grant University of Winconsin*. Retrieved from https://www.seagrant.wisc.edu/blog/that-time-i-organized-a-sea-lamprey-taste-test

5. Moses, S.K., Polkinghorne, C.N., Mattes, W.P. & et al. (2018). Spatial and Ontogenetic Variation in Mercury in Lake Superior Basin Sea Lamprey (Petromyzon marinus). *Bull Environ Contam Toxicol* 100, 95–100. doi: 10.1007/s00128-017-2224-1

Chapter 4

植物和人都吸血？

植物都吸血

好多外國學者都將這種奇怪的植物形容為「吸血植物（vampire plant）」，但植物又怎樣吸血呢？

不過好彩的是，暫時已知這種血紅色的開花植物對人類無害。它名叫管萼蛇菰（*Langsdorffia hypogaea*），是生活在中南美洲、馬達加斯加和巴布亞新畿內亞遍遠森林、稀樹草原的植物[1]。

管萼蛇菰

管萼蛇菰
有鱗但沒有能
在其他植物身
上找到的葉綠
素，會在地底

纏繞附近植物根部吸取其營養。換言之，管萼蛇菰是種
寄生植物，不會自己進行光合作用，亦由於管萼蛇菰缺
乏葉綠素才生出血紅色的花。

人類已知，管萼蛇菰只在乾燥條件下開花，但它們
的花卻是個死亡預兆，因為一旦管萼蛇菰的花盛開，附
近的植物就會死亡，而其餘時間都不會在地面見到花的
蹤影。

　　管萼蛇菰既然有花，自然為了傳播花粉會分泌花蜜，吸引各種昆蟲吸啜。不過男女有別，雄性的管萼蛇菰會在花的小節之間滲出花蜜，而雌性則從花底釋出。奇怪的是，2017 年有研究指出 [2]，基於管萼蛇菰的花的形狀，昆蟲未必是最主要的授粉媒介，相反小型哺乳類與鳥類更有機會幫助管萼蛇菰授粉。

　　暫時人類對管萼蛇菰未有特別多的認知，亦未知其對周圍生態系統的影響，但正如前面所說，管萼蛇菰只會在開花時才被察覺到，再者學界已知管萼蛇菰可寄生在 23 種植物上，因此未必是很多人所說的非常罕見。最重要是，我們要保護管萼蛇菰的原生棲息地，否則連「吸血鬼」也被人類搞死了。

另一種吸血植物 — 血晶蘭

除了管萼蛇菰外，棲息於北美西部美國內華達州、加州、以至墨西哥海拔 1,200 至 2,400 米山脈的血晶蘭（*Sarcodes sanguinea*）也被很多人指是吸血植物。血晶蘭是杜鵑花科血晶蘭屬的唯一成員，早在 1853 年於美國植物學家 John Torrey 撰寫的 *Plantæ Frémontianæ* 已有描述。

　　由於血晶蘭花期由每年 5 月開始至同年 7 月中旬止，而它們開始開花的時間往往是當季下最後一場雪且正在融雪其間，因此有雪花（snow plant）之稱。

　　而「雪花」的拉丁文學名 *Sarcodes sanguinea* 意思為「血肉一樣的東西」，主要來自這種植物的顏色——不論是花還是莖本身都是血紅色的！為何會有這種特徵呢？原來血晶蘭同樣缺乏正常植物有的葉綠素，而身上的紅色色素花色素苷（anthocyanin）能盡可能吸收陽光的熱力，讓其在高原寒冷環境下繼續生存。

　　除了血紅色、似露筍的身體之外，血晶蘭高原上的資源缺乏也使之演化出「吸血式」的攝取能量方法。過去有好一段時間，血晶蘭曾被認為是腐生植物吸食附近正在腐敗的有機物碎屑，但最新的研究已推翻此說法，並指血晶蘭其實是種寄生植物，從依附在樹根上的真菌中獲取營養、水份與免受病原體侵襲的保護，而在這種

共生網絡中真菌得到來自血晶蘭的固碳與糖份，互惠互利 [3]。

　　雖然名字與外型也非常獨特，但據植物學家 James L. Reveal 所言，血晶蘭煮熟後可食用 [4]，但味道如何，或者要他本人才知道了。

參考：

1. Thorogood, C. & Santos, J.C. (2020). Langsdorffia: Creatures from the deep?. *Plants, People, Planet*. doi: 10.1002/ppp3.10102

2. Santos, J.C., Nascimento, A.R.T., Marzinek, J. & et al. (2017). Distribution, host plants and floral biology of the root holoparasite Langsdorffia hypogaea in the Brazilian savanna. *Flora* Volume 226, January 2017, Pages 65-71. doi: 10.1016/j.flora.2016.11.008

3. Bruns, T.D., Bidartondo, M.I. & Taylor, D.L. (2002). Host Specificity in Ectomycorrhizal Communities: What Do the Exceptions Tell Us?. *Integrative & Comparative Biology* Volume 42, Issue 2, April 2002, Pages 352–359. doi: 10.1093/icb/42.2.352

4. Reveal, J.L. (2000). Flora of Western North America: *Sarcodes sanguinea Torr*. Retrieved from http://www.plantsystematics.org/reveal/pbio/fam/Sarcodes.html

現實中的吸血鬼

　　吸血鬼是邪惡的化身，他們會在夜間尋找人血為食續命，被吸血的亦會變成吸血鬼。有些吸血鬼可能有能力變成蝙蝠或狼，並可以催眠人，但陽光、蒜頭及十字架均會削弱他們的力量。吸血鬼亦無法在鏡中看到自己，在燈光下照著也不會有影子。後來的流行文化大多都有在這些基礎進行「僭建」，例如近年大熱的日本漫畫《鬼滅之刃》所描述的吸血鬼始祖鬼舞辻無慘可以改變自己的容貌，他自身的血也可讓其他吸血鬼變得有超強感觀，且會有不同被強化的能力，但除了無慘外，其他吸血鬼不能透過吸血而增加同類的數量。

　　大多數人將愛爾蘭作家 Bram Stoker 於 1897 年出版的史詩小說《德古拉》視為吸血鬼的源頭[1]。當中的德古拉伯爵據稱是以瓦拉幾亞*大公「穿刺者弗拉德

（Vlad the Impaler）」弗拉德三世為原型。弗拉德三世全名是弗拉德三世‧德拉庫拉‧采佩什（Vlad III Drăculea Țepeș），當中的「德拉庫拉」正是英語德古拉（Dracula）的字源，而采佩什在羅馬尼亞語中本身亦有穿刺的意思。

弗拉德三世從 1456 年到 1462 年斷斷續續地統治著瓦拉幾亞，當時瓦拉幾亞與其他鄰近國家與地區，一直受鄂圖曼帝國壓迫幾乎被吞併，但因為匈牙利王國支援瓦拉幾亞才免遭佔領並成為匈牙利附屬國。采佩什本身也饒勇善戰，對抗鄂圖曼帝國時有勝利，守衛著瓦拉幾亞。不過，弗拉德三世向以執法嚴峻著稱，對戰俘甚至自己公國內的貴族、百姓也常用「穿刺」之刑，將人釘在尖椿上，因此才有穿刺者弗拉德的恐怖稱號。

不過，英國醫生 John William Polidori 在《德古拉》推出前的近 80 年，即 1819 年，已發表散文式短篇小說《吸血鬼（The Vampyre）》[2]，才是西方首部成

功融合了諸多吸血鬼元素的流行文學，只是德古拉伯爵的設定更為吸睛罷了。

症病人是吸血鬼？

無論誰才是「吸血鬼之父」，我們都要問：全球各國的吸血鬼傳說是從哪裡來？傳說又是否有科學根據呢？像許多傳說（或偽科學理論）一樣，「吸血鬼」部分基於事實：一種稱為卟啉症（Porphyria，又稱紫質病）的血液病曾在東歐貴族和皇室中流行起來[3]，而卟啉症是種遺傳性血液病，成因是負責合成血紅素（heme）**的基因發生突變，導致身體產生比正常人少的血紅素，但同一時間身體會累積大量卟啉（porphyrin）以加大血紅素的產量，繼而對皮膚與神經系統造成影響。視乎病症的類型，卟啉症患者發作時的症狀可持續數天至數周，除了相對普通的腹痛、胸痛、嘔吐、認知混亂、便祕、發燒、高血壓及心跳急促等，還有以下奇怪的現象：

1. 病情反覆發作導致牙齦退縮，看起來像露出尖牙。

2. 對陽光非常敏感，陽光直曬可能會引起水泡或搔癢、皮膚變黑和毛髮生長。

3. 尿液因為體內的大量卟啉而呈暗紫紅色，資訊不發達的古時，很多人都以為患者是飲過血；醫生會建議患者喝血來彌補血紅素的缺陷，而做法的確可以短暫紓緩病情，但通常醫生只是提議患者飲動物的血。

4. 厭惡大蒜，因為大蒜中含豐富的硫，會令患者病發，並導致劇痛，與傳說所說的非常相似。

5. 避開鏡子。在傳說中，吸血鬼無法照鏡，鏡中也看不見其容貌，但實際上，因為卟啉症患者臉部

會因血液缺氧而毀容，他們避開鏡子是可以理解
的。

---

* 即現今東歐國家羅馬尼亞一帶地區

** 血紅素是血紅蛋白（Hemoglobin）的重要組成部分，而後者
則是紅血球的一種蛋白質，可將氧氣從肺部輸送到身體組織。

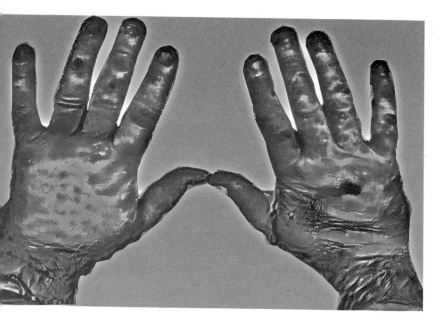

　　如今，我們對卟啉症有更多基於科學證據的認識，
我們不再害怕患者，但卟啉症仍然無法被治癒，治療主
要分為支持性治療，即控制疼痛、避免使用會引起急性
發作的藥物與物品，以及換血和飲血。非常有趣的是，
後者看似是古老且無根據的說法，但現代學者發現，血
紅素的確能在消化過程中存活下來，可從腸道被吸收，
從而短暫改善病情[4]！

雖然骨髓幹細胞移植已經取得一定成效，成功治癒某些類型卟啉症患者，因為療法利用功能完備的幹細胞替代原本有缺陷的幹細胞，再令患者可自行正常地生成血紅素，但與同類的愛滋病療法一樣，是被視為最後的手段。

　　學界近年則希望透過基因療法，即使用病毒作為載體，以有正常功能的基因取代有缺陷之基因。該技術已被證明在培殖的細胞中是有效的，但要將之投入至臨床測試還有很漫長的路要走。

吸血鬼墓葬

雖然我們現在認為「吸血鬼」一說並不真實，但在過去歐美都有人以不同方式阻止一些被認為是「吸血鬼」的屍體葬後復生吸人血。例如，意大利中部在 2018 年就曾發現了一具來自 5 世紀的十歲兒童骸骨，骸骨口中更藏有石塊[5]。原來當時當地曾出現一場嚴重瘧疾疫症，殺死大量嬰孩與兒童，而石塊似乎是阻止孩童復生吸人；之前在同一墓地所發現的幼童或嬰孩墓穴，骸骨也會以烏鴉爪、蟾蜍骨頭、藏有灰燼的鍋釜，以及相信被祭祀的小狗陪葬，而這些物件均在當時被視為與巫術和魔法有關。當地甚至有兒童骸骨的手腳都被綁上石頭！

類似的「吸血鬼墓葬」也不算鮮見：2009 年在威尼斯曾發現過一個 16 世紀老女人骸骨含著一塊磚頭，被外界稱之為「威尼斯吸血鬼」；2017 年英國北安普敦郡，亦有一公元 3 至 4 世紀的古羅馬時代成年男人骸骨，被發現臉朝下、口含石頭。

到 17 世紀「吸血鬼墓葬」仍然在東歐流行，但未必與疫症有關。在 2022 年，有考古團隊在波蘭東部發現一具來自高社會階級、年青的女性骸骨，有一把鋒利鐮刀抵在其頸咽位置，腳趾還掛著鎖。鐮刀用意很明顯，就是不容許死者再次站起來，至於腳趾上的鎖，當時團隊指可能是象徵一個階段的結束和死者永遠不可返回人世。

　　不過，《華盛頓郵報》引述專門研究吸血鬼文化的英國羅漢普頓大學教授 Stacey Abbott 指出[6]，該具女性骸骨所受的對待，除了是圍繞吸血鬼的「恐懼」，也突顯當時的「性別政治」。因為「吸血鬼」也曾經是針對那些不合群的人的指控，類似情況也在獵巫時代經常出現。Abott 推猜該名婦女可能因其年齡未婚、身體畸形或任何被認為「不道德」、異於當時的社會規範而被挑剔視為「吸血鬼」。因此，我們可從不同文化的墓穴可以看出當時人的信仰，以及如何對待死者。

吸血鬼恐慌

在 19 世紀的美國羅得島、康涅狄格州東部、馬薩諸塞州南部曾因為肺結核疫症爆發,而出現史稱「新英格蘭吸血鬼恐慌」[7]、延續了足足整個世紀（100 年）的亂象。因為當時肺結核被認為是由死者消耗其倖存親屬的生命引起的,這些「吸血鬼」的屍體會被挖掘出來,然後內臟會在儀式上被焚燒,以阻止他們襲擊當地居民與防止疾病傳播。

恐慌尾聲、較為詳細記錄的案例「Mercy Brown 吸血鬼事件」值得在此一提。事件發生在羅得島埃克塞特,Brown 一家遭受了一系列肺結核感染。母親 Mary Eliza 第一個死於肺結核,之後是在 1884 年與 1891 年大女 Mary Olive,以及妹妹 Mercy 染疫相繼去世。Brown 一家的朋友和鄰居均認為,其中一位死去的家庭成員是吸血鬼。在當時,一個家庭的多人死亡幾乎必定

與不死生物例如吸血鬼的活動聯繫起來，尤其肺結核在當時是一種知之甚少的疾病，也是很多迷信的起源。

爸爸 George Brown 最終被說服，容許其他人挖掘他家人的屍體。 1892 年 3 月 17 日，村民、當地醫生和一名報社記者挖掘出屍體，母親和大女的屍體都出現了預期的腐爛程度，但 Mercy 的屍體幾乎無任何腐爛跡象，心臟還有血跡，村民因此斷定 Mercy 就是當地的吸血鬼，也是弟弟 Edwin 染疫的兇手。

現代學者推測當年 Mercy 屍首無腐爛，可能是因為在她死後的兩個月當地天氣仍相當寒冷，屍體被儲存在類似冰箱條件下的地底。不過，迷信就是迷信。當年的村民立即剖出 Mercy 的心、肝和肺等內臟，以柴火燒成灰，再將之混和水製成「符水」給病重的 Edwin 飲用。

可惜的是，不足兩個月後的 1892 年 5 月 2 日，Edwin 還是撒手人寰，證明村民的迷信無效、Mercy 也不是吸血鬼。最終，自知怪錯人的村民將 Mercy 的遺體再次埋葬在埃克塞特浸信會教堂的墓地，直到現在 Mercy 的遺體也無再遭受打擾。

故事的結局是這樣的：爸爸 George 在 1922 年死時一生都未感染過肺結核！他死前的 1921 年，法國細菌學家 Albert Calmette 和助手 Camille Guérin 剛好將研發好、對抗結核病的卡介苗疫苗正式廣泛用於治療大眾，也成為西方醫學史上其中一種重要且相當成功的疫苗。這不是很諷刺嗎？

自稱吸血鬼的社群

儘管過去的恐懼令一些疑似吸血鬼的人受到歧視與不人道對待，但自稱為吸血鬼的人確實存在，且為數不

少，你更可以透過互聯網接觸到世界各地有這些身份認同的「吸血鬼社群」。他們當中甚至有醫生、律師、學者、老師等等正常職業。

大多數這些吸血鬼都會進行他們的「餵養」儀式，包括喝自願捐獻者的血液——當然是衛生地、有共識地拿取這些「供品」——以滿足自身的需要，但亦有一部分則只吸其他人的「生命力」（或者用中國人的「精氣神」較能理解），可見這都是儀式感作祟，而非真正的嗜血如命。

過去曾有社群中的吸血鬼接受媒體訪問[8]，很多人都稱成為吸血鬼是種覺醒，但不是流行文化描繪的戲劇性過程，也不會因轉變而去咬人。因為大多數吸血鬼，通常在青春期或在創傷後自覺越來越像吸血鬼，過程很可能伴隨著無其他人能明白的痛苦，所以很多吸血鬼非常低調不願公開這一面，也怕被人覺得他們是群瘋子。

這班吸血鬼並非兇殘、無道德、精神有異，他們甚至有自己的約章，例如亞特蘭大吸血鬼聯盟的網站特別列出關於動物福利的守則，建議會員在選擇非人類血液時不要對動物有非必要的虐待。他們可能比起更多所謂正常人更有原則，只是有另一個不被主流社會接受的身份認同而已。

再者，在很多文化中，人類也會用不同動物的血製成食物，例如歐洲多地都有血腸、血湯，主要使用豬和牛血製成，在大中華地區也有凝結了的豬紅、鴨血、米血糕等食品，我們又算不算是吸血鬼呢？

參考：

1. History.com Editors (13 September 2017). Vampire History. *History.com*. Retrieved from https://www.history.com/topics/folklore/vampire-history

2. Polidori, J.W. (1819). The Vampyre; A Tale. Retrieved from https://www.gutenberg.org/files/6087/6087-h/6087-h.htm

3. Hefferon, M. (23 June 2020). Vampire myths originated with a real blood disorder. *The Conversation*. Retrieved from https://theconversation.com/vampire-myths-originated-with-a-real-blood-disorder-140830

4. Lane, N. (16 December 2002). Born to the Purple: the Story of Porphyria. *Scientific American*. Retrieved from https://www.scientificamerican.com/article/born-to-the-purple-the-st/

5. Blue, A. (11 October 2018). 'Vampire Burial' Reveals Efforts to Prevent Child's Return from Grave. *The University of Arizona*. Retrieved from https://news.arizona.edu/story/vampire-burial-reveals-efforts-prevent-childs-return-grave

6. Suliman, A. (7 September 2022). 'Vampire' grave shows 17th-century fear of women who 'didn't fit in'. *The Washington Post*. Retrieved from https://www.washingtonpost.com/world/2022/09/07/poland-vampire-grave-unearthed-sickle/

7. Tucker, A. (October 2012). The Great New England Vampire Panic. *Smithsonian Magazine*. Retrieved from https://www.smithsonianmag.com/history/the-great-new-england-vampire-panic-36482878/

8. Wall, K. (15 August 2015). Interview with a real-life vampire: why drinking blood isn't like in Hollywood. *The Guardian*. Retrieved from https://www.theguardian.com/society/2015/aug/15/real-life-vampires-interview

作者　　：小肥波
出版人　：Nathan Wong
編輯　　：尼頓
封面設計：文浩基

出版　　：筆求人工作室有限公司 Seeker Publication Ltd.
地址　　：觀塘偉業街189號金寶工業大廈2樓A15室
電郵　　：penseekerhk@gmail.com
網址　　：www.seekerpublication.com

發行　　：泛華發行代理有限公司
地址　　：香港新界將軍澳工業邨駿昌街七號星島新聞集團大廈
查詢　　：gccd@singtaonewscorp.com

國際書號：978-988-75976-8-1
出版日期：2023年7月
定價　　：港幣108元

Seeker Publication

PUBLISHED IN HONG KONG